WPS Office
2016
从新手到高手

白帆 编著

清华大学出版社

北京

U0377803

内 容 简 介

本书通过 180 个实战秘技，介绍 WPS Office 2016 软件在日常办公应用中的实战技巧。本书以实战技巧的形式打破了传统的按部就班讲解知识的模式，大量的实战秘技全面涵盖了读者在人力资源、行政及财务等日常工作中所遇到的问题及其解决方案。

全书共分 10 章，分别介绍轻松上手，WPS Office 2016 尝鲜，从基础开始学 WPS 文字，WPS 文字与图片排版，WPS 文字高级应用，轻松快捷入门 WPS 表格，WPS 表格单元格的奥秘，WPS 表格图表函数使用，简单有趣搞定 WPS 演示、WPS 演示主题风格调整，PPT 动画视频探究等内容。

本书内容丰富、图文并茂，既可作为人事、商务及财务办公管理人员的案头参考书，也可作为大中专院校和会计电算化培训班的授课教材，还适合广大 WPS Office 软件爱好者阅读。

图书在版编目(CIP)数据

WPS Office 2016 从新手到高手 / 白帆编著 . —北京：清华大学出版社，2020.5
ISBN 978-7-302-53982-7

Ⅰ. ①W… Ⅱ. ①白… Ⅲ. ①办公自动化—应用软件 Ⅳ. ①TP317.1

中国版本图书馆 CIP 数据核字（2019）第 230704 号

责任编辑： 陈绿春
封面设计： 潘国文
版式设计： 方加青
责任校对： 胡伟民
责任印制： 宋 林

出版发行： 清华大学出版社
　　　　　　网　　址：http://www.tup.com.cn，http://www.wqbook.com
　　　　　　地　　址：北京清华大学学研大厦 A 座　　　　　邮　　编：100084
　　　　　　社 总 机：010-62770175　　　　　　　　　　　邮　　购：010-62786544
　　　　　　投稿与读者服务：010-62776969，c-service@tup.tsinghua.edu.cn
　　　　　　质 量 反 馈：010-62772015，zhiliang@tup.tsinghua.edu.cn
印 装 者： 三河市龙大印装有限公司
经　　销： 全国新华书店
开　　本： 180mm×210mm　　　　　印　　张：11.75　　　　字　　数：432 千字
版　　次： 2020 年 5 月第 1 版　　　　印　　次：2020 年 5 月第 1 次印刷
定　　价： 49.00 元

产品编号：056829-01

WPS由金山软件公司出品，可以实现办公软件常用的文字、表格及演示等多种功能,小巧易用且永久免费。随着WPS应用水平的逐步提高，应用领域越来越广；WPS文字、WPS表格和WPS演示正成为人们工作、生活的重要组成部分，在商务办公、人力资源、财务办公、行政办公等工作领域占着举足轻重的地位。

本书特色包含以下4点：

* 快速索引，简单便捷：本书考虑读者实际遇到问题时的查找习惯，从目录中即可快速找到自己遇到的问题，从而快速检索出自己需要的技巧。

* 传授秘技，招招实用：本书讲述了180个读者使用WPS文字、WPS表格和WPS演示所遇到的常见难题，对WPS文字、WPS表格和WPS演示的每一个操作都进行详细讲解，从而向读者传授实用的操作秘技。

* 知识拓展，学以致用：本书中的每个技巧下都包含有知识拓展内容，是对每个技巧的知识点进行延伸，让读者能够学以致用，应用于日常工作和学习。

* 图文并茂，视频教学：本书采用一步一图形的方式，形象讲解技巧。另外，本书配套素材中还包含了所有技巧的教学视频，使读者的WPS文字、WPS表格和WPS演示学习更加直观和生动。

本书内容分为10章：

* 第1章 轻松上手，Office 2016尝鲜：介绍了WPS安装和卸载方法、更改WPS软件颜色、设置字体、注册与登录账号等内容。

* 第2章 从基础开始学WPS文字：介绍了新建文档、输入文本，添加日期、标题样式修改、批注与修订文档等内容。

* 第3章 WPS文字与图片编排：介绍了表格与插图、表格的各种编辑、调整与排版等内容。

* 第4章 WPS文字高级应用：介绍了应用模板样式、生成与编辑目录、制作单选题和复选题等内容。

* 第5章 WPS表格轻松入门：介绍了制作与整合工作簿、选择工作簿数据、优化与编辑工作簿等内容。

- 第6章　WPS表格单元格的奥秘：介绍了在单元格中填充各种数据的方法、设置单元格格式、排序和筛选数据等内容。
- 第7章　WPS表格图表函数使用：介绍了制作数据透视表、透视图、创建与编辑图表、输入公式和使用函数计算数据等内容。
- 第8章　简单有趣搞定WPS演示：介绍了创建与修改演示文稿、播放与输出演示文稿等内容。
- 第9章　WPS演示主题风格调整：介绍了更改幻灯片版式、插入与编辑音频、插入图片和表格等内容。
- 第10章　WPS演示动画视频探究：介绍了切换效果和动画效果的制作、超链接的使用和动作按钮的创建等内容。

本书作者

本书由白帆编著，参加编写的还包括：陈志民、申玉秀、李红萍、李红艺、李红术、陈云香、陈文香、陈军云、刘清平。由于作者水平有限，书中不妥、疏漏之处在所难免。在感谢您选择本书的同时，也希望您能够把对本书的意见和建议告诉我们。

本书的素材、最终效果和配套视频文件请扫描下面的二维码进行下载。

如果碰到技术性问题，请扫描下面的二维码，联系相关的技术人员进行处理。

素材　　　　　最终效果

视频　　　　　技术支持

如果在下载过程中碰到问题，请联系陈老师，联系邮箱chenlch@tup.tsinghua.edu.cn。

作者
2020年

目录

第1章

01

轻松上手，WPS Office 2016尝鲜

　　WPS可以实现办公软件最常用的文字、表格及演示等多种功能，小巧易用且永久免费。在使用WPS软件办公之前，需要清楚WPS Office 2016软件的安装与卸载，然后设置好账号、专属色和字体等。本章将详细讲解WPS Office 2016的相关基础知识，以便为以后的文字、表格与演示文稿制作打下坚实的基础。

技能概要

1.1 三分钟搞定安装

WPS Office是我们目前常用的办公软件之一，适合大多数用户的习惯。WPS Office是由金山软件股份有限公司自主研发的一款办公软件套装，可以实现办公软件最常用的文字、表格及演示等多种功能。具有内存占用低、运行速度快、体积小巧、强大插件平台支持、免费提供海量在线存储空间及文档模板等优点。

1.1.1 新版32位与64位有变化

32位版本与64位版本的WPS Office程序互不兼容，所以不能将两者同时安装在同一台计算机上。注意32位版本的WPS Office同时支持32位和64位版本的Windows。如果要安装64位版本的WPS Office，需要64位版本的Windows。如果不在Windows上安装，则不必担心32位或64位版本的选项。安装之前弄清楚这一点非常重要，如果计算机上已经安装了32位或64位版本的WPS Office，希望安装WPS Office 2016则必须安装这个程序对应的32位或64位版本。例如，如果电脑中已安装了32位版本的WPS Office 2010软件，而且需要同时安装WPS Office2016软件，则必须安装32位版本。不能混合安装32位和64位版本的WPS Office。

64位版本WPS Office的限制。64位版本的WPS Office在某些情况下可能表现更出色，但是存在一些限制条件，其限制条件如下。

□ 不支持使用ActiveX控件库和ComCtl控件的解决方案。

□ 不支持第三方ActiveX控件和加载项。

□ 如果不更新，包含Declare语句的Visual Basic for Applications（VBA）在64位版本的Office中无法正常工作。

□ 不支持经过编译的Access数据库（如.MED和.ACCDE文件），除非是专门针对64位版本的WPS Office编写的。

□ 在SharePoint中，列表视图将不可用。

□ 如果有在32位版本的WPS Office中使用的特定加载项，则它们可能无法在64位WPS Office中正常工作，反之亦然。

使用64位版本的WPS Office软件具有以下优势。

□ 需要处理极大的数据集，例如包含复杂计算、许多数据透视表、与外部数据库的连接、PowerPivot、PowerMap或

PowerView的企业级表格软件，64位版本的WPS Office可能更适合。

□ 在演示软件中使用极大的图片、视频或动画，64位版本的Office可能更适合处理这些复杂的幻灯片。

□ 需要使用非常庞大的文字软件，64位版本的WPS Office可能更适合处理包含较大表格、图形或其他对象的文字软件。

1.1.2 如何打开ISO格式安装包

有的WPS软件是ISO格式，而不知道ISO格式怎么打开安装，怎么办呢？其实ISO文件就是光盘的镜像文件，刻录软件可以直接把ISO文件刻录成可安装的系统光盘，ISO文件一般以iso为扩展名。

一般情况下，打开ISO格式的安装包有以下几种方法。

1. 使用虚拟光驱软件可以打开ISO文件

使用虚拟光驱软件打开ISO文件，其实与光驱打开类似，但是与传统的光驱相比更加方便，而虚拟光驱只是使用专门的模拟光驱的方式打开ISO文件，打开之后运行界面与光驱打开类似，只是开始安装操作虚拟光驱的时候有些难度，熟悉了虚拟光驱软件，打开就很容易了。

2. 使用新版的WinRAR压缩解压软件可以打开ISO文件

如果计算机上没有安装WinRAR压缩解压软件，或安装的版本比较低，请下载WinRAR最新版，然后就可以打开ISO文件了。

不过这里需要注意一些细节设置问题，尽管新版的WinRAR可以打开ISO文件，但是用它来解压缩ISO文件，尤其是含有中文的文件名称时，仍然会出现无法解压缩或者是无法正常读取解压缩后的文件的现象，对于这个问题，最好是取消双击ISO文件时默认打开方式为WinRAR即可，其设置方法是：打开WinRAR软件，选择"选项"|"设置"菜单命令，弹出"设置"对话框，切换到"综合"选项卡，并取消选中ISO复选框，最后单击"确定"按钮，即可取消WinRAR对ISO文件的关联，如下图所示。

1.1.3 无法安装？低版本要卸载

一般情况下，如果在安装之前已经安装了WPS Office的其他版本，则在运行安装程序时会出现一个是否需要卸载旧版本的提示。选择"是"，会首先调用原版本的卸载程序，卸载原来的版本，然后再接着运行安装程序。如果选择"否"，则不会卸载原来的版本，直接安装新版本。需要说明的是，

两个版本其实是可以并存于系统之中的。只是在双击WPS文档时，系统会调用新安装的版本来打开文档。

1.1.4 WPS Office 2016软件安装与卸载

在使用WPS Office中2016软件进行办公之前，需要将其安装到电脑中，如果不需要使用了，则可以对其进行卸载操作，其具体操作步骤如下。

1. 选择命令

在目标文件夹中，选择安装文件，右击，在弹出的快捷菜单中选择"打开"命令。

2. 设置安装路径

❶弹出WPS Office 2016安装对话框，选中"我已经阅读并同意金山办公软件许可协议"复选框；❷单击"更改设置"按钮。

3. 选择路径文件夹

❶进入"更改设置"界面，设置好软件的安装路径；❷单击"立即安装"按钮。

4. 显示安装进度

进入"安装"界面，开始安装，并显示安装进度。

5. 安装完毕

少许时间后即可完成安装并显示登录界面，用户可以根据需要输入账号进行登录，完成WPS Office 2016软件的安装。

6. 选择命令

❶启动开始菜单中的"控制面板"选项；❷在展开子菜单中，选择"程序和功能"命令。

7. 选择命令

❶弹出"卸载或更改程序"窗口，选择WPS Office项目，右击；❷在弹出的快捷菜单中选择"卸载/更改"命令。

卸载或更改程序

若要卸载程序，请从列表中将其选中，然后单击"卸载"、"更改"

8. 设置卸载条件

❶弹出"卸载"对话框，选中"我想直接卸载WPS"单选按钮；❷单击"开始卸载"按钮，开始卸载WPS Office软件。

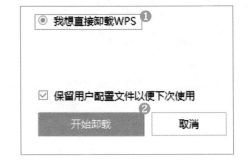

1.2 WPS 2016初体验

安装完成以后，用户就可以对WPS 2016进行注册和输入登录账号、查看新增功能及设置个性化等操作了。

1.2.1 注册和登录账号

WPS Office 2016安装完毕后，在弹出的"账号登录"界面中，可以注册新账号，完成注册后就可以通过账号登录，具体操作步骤如下。

1. 选择链接

在登录界面中，选择"注册新账号"链接。

2. 设置账号和密码

①弹出"账号注册"对话框，在对应的位置输入设置的账号和密码；②单击"立即注册"按钮。

3. 输入验证码

①在弹出的对话框中相应的位置输入手机收到的短信验证码；②单击"立即验证"按钮。

4. 完成注册并登录账号

开始进行自动验证，验证成功后即可完成注册账号并自动登录账号。

1.2.2 看变化，新增功能有哪些

相对于以前的版本，WPS Office 2016新增或改进了许多功能。这些丰富和强大的新功能，让用户可以更加高效地工作。WPS Office 2016的新增功能主要有以下几点。

1. 一键登录

WPS Office 2016同时也是WPS+云服务的一个入口，通过WPS和账号组合可以访问线上服务，便于日常文件管理，单击WPS的"登录"按钮，选择任意登录方式，如下图所示。

2. 方便的文档漫游

WPS Office 2016能够实现云文档漫游功能，文件可直接保存或上传到云端，通过电脑或手机可以随时随地打开、编辑和保存，如下图所示。

3. 在云文档中找到历史版本

在云文档编辑过程中，如需要找回之前保存过的版本，WPS给了用户"后悔药"，可通过"历史版本"功能找回来。在文档漫游的操作界面中选择需要查看的文档，选择"历史版本"命令，如下图所示，弹出所有历史版本列表，选择自己需要的内容进行下载。

4. 创建团队

WPS Office 2016云文档中，可以创建团队，为创建的团队添加成员。同一个团队中的成员可以共享团队文档，即共同查看与编辑等。此外还能对团队成员设置权限。如下图所示。

5. 丰富的在线图片

WPS Office 2016中的三大组件，均为用户提供大量在线图片，在联网状态下，用户可直接搜索图片并使用。单击"插入"选项卡下的"图片"下三角按钮，在弹出的菜单中选择"在线图片"命令即可，如下图所示。

6. 安全的保障：备份管理

在日常进行文件编辑时，如遇到断电或忘记保存等情况，WPS提供智能的备份管理，帮助用户找回丢失的文件。单击左上角"WPS文字"按钮，在弹出的菜单中选择"备份与恢复"|"备份管理"命令，如下图所示，在文档右侧将出现"备份管理"任务

窗口，单击"查看其他备份"按钮，打开备份文件夹找到所需文件即可。

1.2.3 个性化，设置你的专属色

WPS Office 2016的界面风格称之为皮肤，WPS Office 2016 内置了多种多样的皮肤，我们可以根据自己的喜好进行更换，具体操作步骤如下。

1. 选择命令

❶单击电脑"开始"按钮；❷在弹出的"开始"菜单"WPS Office"下拉列表中选择"WPS文字"命令。

2. 选择命令

❶启动WPS文字程序并单击界面左上角

"WPS文字"三角按钮；❷在弹出的菜单中选择"工具"命令；❸在弹出的子菜单中选择"皮肤"命令。

3. 选择皮肤样式

弹出"更改皮肤"对话框，在"推荐皮肤"选项卡中选择一种皮肤样式。

4. 更改皮肤

更改皮肤并查看已经更改皮肤后的文档界面。

1.3 这些操作要学会

每个人的审美观不同，为了给对方留下深刻印象，我们会使用到一些花样字体和个人模板，让对方记忆深刻。那么常用字体在哪里下载？下载的字体怎么安装？字体异常怎么办？个人模板怎么加？本节将详细讲解WPS Office 2016中字体及个人模板的使用方法。

1.3.1 常用字体在哪里下载

有没有觉得WPS Office 2016中的字体选择有点少，如果想要增加字体，除了本身自带的字体外，还可以下载WPS Office 2016自带的"云字体"或者在网上专门的网站下载更多的字体。

1. "云字体"下载

在"开始"选项卡中，单击"字体"下三角按钮，在弹出的菜单中选择"查看更多云字体"命令，弹出"云字体"对话框，如下图所示，在对话框中即可查看到多种字体分类，根据需要选择字体样式，然后将鼠标指针移动到选择的字体上，单击"下载"按钮，即可完成字体的下载。

2. 通过网站下载

打开搜索引擎，输入"WPS字体库下载"文本，即可检索出相关网站，选择合适的网站进行下载操作即可，如下图所示。

1.3.2 字体安装在哪里

当下载好字体库后，需要安装才能在WPS Office 2016中使用。一般情况下，字体安装在电脑系统的"字体"文件夹中，下面将详细讲解字体的安装方法。

1. 解压并安装

将下载的WPS字体完整版进行解压，然后将全部文件复制粘贴到C：\Windows\Fonts里，即可完成字体安装，如下图所示。

2. 控制面板安装

首先复制要安装的字体文件，然后在"开始"程序菜单中，选择"控制面板"命令，弹出"控制面板"窗口，单击"字体"链接，弹出"字体"窗口，在窗口中右击，打开快捷菜单，选择"粘贴"命令，即可开始安装字体文件。

1.3.3 字体异常怎么办

使用WPS Office 2016编辑文档，遇到字体异常怎么办？例如文字显示不全、字体缺失、字体重叠以及出现乱码等，下面将详细讲解解决字体异常的办法。

1. 文字显示不全

使用WPS Office 2016编辑文档的时候，有时候会发现某行文字显示不全，只显示一半的情况，其实这个问题的主要原因是行距设定了固定数值所导致的，只需将行距修改即可。

2. 字体缺失

使用WPS Office 2016编辑文档过程中，遇到字体缺失时，如果在home目录下没有找到.fonts文件夹，可以在~/home下新建一个.fonts文件夹，把字体复制进去，重新启动WPS即可。

3. 字体重叠

按照文档排版的设计，对其中的文字设置了字体和字号，如果没有设置以前，文字显示是正常的，设置了字体和字号后，文字在文档中就重叠在一起了是什么原因呢？

□ 可能是字体间距的问题，选中重叠在一起的文字，然后右击，在弹出的快捷菜单中选择"字体"命令，打开字体对话框，选择"字符间距"选项卡，设置缩放为100%，间距为标准。

□ 也有可能是文字与文本框叠加，可以画个文本框，利用TAB键试试有无文本框的存在，因为全选对文本框的编辑是无效的。

4. 文档出现字体乱码

□ 乱码原因一：文件损坏

解决办法：直接重新下载该文件，再次打开，如果还是乱码则排除这种可能。

□ 乱码原因二：电脑中毒了

解决办法：电脑杀毒，然后重新下载该乱码文件，再次打开试试，如果还是不行，排除该原因。如果设置一切正常，将字体更换成另一种试试，有时打开时显示的全是乱码，更换字体它就好了；还有一种情况就是低版本打开高版本制作的文档。

1.3.4 个人模板怎么加

很多时候在工作或是生活中，往往都需要使用一些针对行业或是公司特点的模板，

如设置一个公司名称或是LOGO在页眉上，以及设定页边距，每次新建一个文档都要重新设置很是麻烦，为此可以设置固定模板，这样以后就不需要每次都设置了，可以直接使用，具体操作步骤如下。

1.新建并设置文档

新建一个新的WPS文字文档，对文档完成页边距、页眉、页脚及纸张大小等的设置。

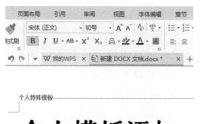

2.选择选项

❶单击"WPS文字"按钮；❷在弹出的菜单中选择"另存为"命令；❸在弹出的子菜单中选择"WPS文字模板文件"选项。

3.设置模板名称与保存路径

❶弹出"保存在"对话框，设置模板保存路径与名称。

❷在"另存为"对话框内修改一个自己喜欢的模板"文件名"，然后保存即可。

4.固定列表

❶单击"WPS文字"按钮，展开"最近使用的文档"列表框，查看新创建的模板文档；❷右击，在弹出的快捷菜单中选择"固定至列表"命令即可。

第2章

从基础开始学WPS文字

在日常办公应用中，通常都需要对文本进行输入和排版。本章通过公司招聘简章和年终演讲文稿两个实例来介绍WPS 文字的基本使用方法。

文字输入 ----- 格式调整 ----- 文档美化 ----- 修订文档 ----- 保存恢复 ----- 检测文字

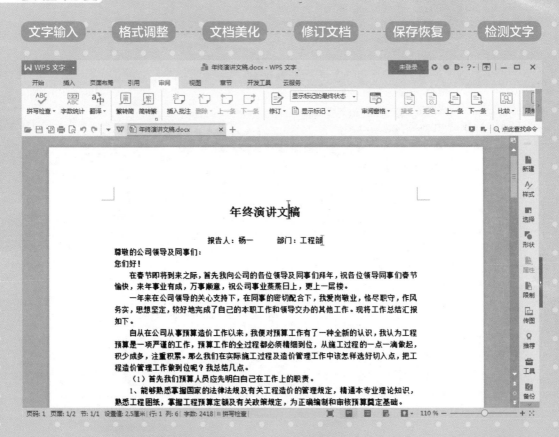

2.1　设置与输入——公司招聘简章

公司招聘简章是公司人事文档的一种，是公司为了招聘合格的员工，而对公司所招聘的职位的要求、工作职责、工资待遇和面试要求等事项所制定的招聘要求文档。完成本例，需在WPS文字中进行自定义功能区、新建文档、文字输入与字体调整、插入与编辑表格文本、设置底纹重点显示文本、字符间距与段落格式设置、为文字快速添加日期、添加项目符号和编号、标题样式修改、文档另存为与命名等操作步骤。

2.1.1　自定义功能区

本节所需要完成的是自定义功能区。用户在办公之前，可以根据需求，对功能区进行自定义操作，以适应自己的工作需要。WPS文字的功能区通常包括"文件""开始""插入""页面布局"等不同的选项卡。默认情况下，功能区中选项卡的排列方式是完全相同的，用户可以根据需要，重新设置功能区，其具体操作步骤如下。

1. 选择命令

❶双击"WPS文字"的快捷方式，打开WPS文字程序，在"WPS文字"工作界面的快速访问栏中单击"自定义快速访问工具栏"按钮▼；❷在弹出的菜单中选择"其他命令"命令。

2. 单击按钮

❶弹出"选项"对话框，在左侧列表框中选择"自定义功能区"选项；❷在"自定义功能区"列表框中单击"新建选项卡"按钮。

在自定义功能区时，可以在"自定义功能区"下拉列表框中，添加与删除主选项卡，也可以在主选项卡下添加与删除组对象。

3. 新建选项卡和组

❶自动新建选项卡和组，选择"新建选项卡（自定义）"选项；❷单击"重命名"按钮。

在"选项"对话框中的左侧列表框，选择"快速访问工具栏"选项，可以为快速访问工具栏，添加与删除各工具按钮。

4. 输入名称

❶弹出"重命名"对话框，在"显示名称"文本框中输入"字体编辑"；❷单击"确定"按钮。

5. 重命名选项卡和组

完成选项卡的重命名操作，使用同样的方法，将新创建的组重命名为"字体格式"。

6. 选择选项

❶在左侧的"常用命令"下拉列表框中选择"增大字体"选项；❷单击"添加"按钮。

7. 添加组列表

❶将选择的选项添加至右侧新建的组列表下，使用同样的方法，依次将"下画线""文本

颜色"字号"添加至组列表下；❷并单击"确定"按钮。

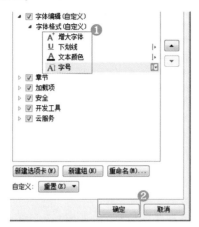

8. 查看选项卡和组

完成功能区中新选项卡和组的添加，在功能区中单击"字体编辑"选项卡，查看选项卡和组。

技巧拓展

在删除功能区中的主选项卡时，可以选择主选项卡，然后单击"删除"按钮即可删除。

2.1.2　新建文档

在制作公司招聘简章时，文本是该招聘

简章的主体。首先需要在WPS文字中使用"新建"功能新建一个空白文档，具体操作步骤如下。

1. 单击命令

❶在"WPS文字"工作界面中单击"WPS文字"下三角按钮 WPS文字 ；❷在弹出的菜单中选择"文件"命令；❸在弹出的子菜单中选择"新建"命令。

2. 单击图标

在弹出的"新建文档"对话框中单击"空白文档"图标。

技巧拓展

在新建文档时，不仅可以新建空白的文档，还可以在"新建文档"对话框中，选择相应的模板图标，即可通过模板快速新建文档。

3. 新建文档

完成文档的新建操作，并自动将新创建的文档命名为"文档1"。

技巧拓展

新建文档的方法有多种，用户可以在"WPS 文字"界面中，直接单击"新建"按钮进行文档创建。

2.1.3 文字输入与字体调整

一般情况下，在公司招聘简章文档中需要先输入文本，由于输入的文本都是软件默认的样式，因此，工作人员常常需要对公司招聘简章文本的字体和字号进行设置。WPS文字中默认安装了多种字体样式，在编辑文档时可以为文本选择适合的字体，通过为文档的标题和正文内容设置不同的字号来体现文档的结构，具体操作步骤如下。

1. 输入标题文本

在新建的文档中，将光标定位在第一行的位置处，输入标题文本"公司招聘简章"，按Enter键，切换至下一行。

2. 复制粘贴内容

将光标定位至第二行，打开相关素材中的"素材\第2章\招聘文档1.txt"文本文档，将文档中的内容复制粘贴到文档中。

3. 选中文本

将鼠标指针移至第一行的左侧处，当鼠标指针呈现箭头形状时，单击，选中标题文本。

公司招聘简章
招聘职位：JAVA高级开发工程师
职位描述
岗位工作
负责JAVA程序开发；
按照公司的要求完成相应的编码以及相关文档；
协助公司的市场人员完成软件演示、技术答疑等相关
维护和升级一定的现有软件产品，快速定位并修复现
任职条件

4. 更改字体格式

❶在"开始"选项卡中单击"字体"下三角按钮；❷在弹出的菜单中选择"宋体"字体；❸更改字体格式，并在提示框中显示字体预览效果。

技巧拓展

在"字体"列表框中，包含有多种字体样式，用户可以直接进行调用，如果字体太多，不好查找时，则可以直接在"字体"文本框中输入需要查找的字体名称，在对应的列表框中将显示出字体进行调用。

5. 选择选项

❶在"开始"选项卡中单击"字号"下三角按钮；❷在弹出的菜单中选择"二号"选项。

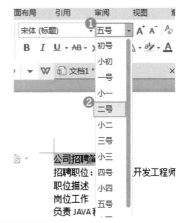

6. 更改字号

完成标题文本的字号大小更改，并在文档中查看标题文本效果。

公司招聘简章
招聘职位：JAVA高级开发工程师
职位描述
岗位工作
负责JAVA程序开发；
按照公司的要求完成相应的编码以及相关文档；
协助公司的市场人员完成软件演示、技术答疑等
维护和升级一定的现有软件产品，快速定位并修
任职条件
本科及以上学历，2年以上Java工作经验；

技巧拓展

在"字号"列表框中，包含有多种字号大小，用户不仅可以使用已有的字号大小调整文本以外，还可以在"字号"列表框中直接输入需要调整的字号大小数值。

7. 加粗文本

❶继续选择标题文本，在"开始"选项卡中，单击"加粗"按钮；❷即可加粗文本字体。

公司招聘简章

招聘职位：JAVA高级开发工程师
职位描述
岗位工作
负责JAVA程序开发；

8. 设置文本字体格式

选择相应的文本，在"开始"选项卡中设置字体为"宋体""小四"并加粗文本，完成文本字体格式设置。

公司招聘简章

招聘职位：JAVA高级开发工程师
职位描述
岗位工作
负责 JAVA 程序开发；
按照公司的要求完成相应的编码以及相关文档；
协助公司的市场人员完成软件演示、技术答疑等相
维护和升级一定的现有软件产品，快速定位并修复
任职条件
本科及以上学历，2 年以上 Java 工作经验；
精通 JAVA 语言，熟悉 Spring、Jsp、Servlet、spring
熟悉 Java 多线程开发，了解各种网络协议：Tcp、U
熟练使用 SQL 语言，有 Mysql、Oracle 等大型数据
有负责软件需求设计、数据库设计、编写软件设计
具体经验；
有较强的表达和沟通能力；
工作认真、积极主动、严谨、敬业，具备团队精神
公司简介

9. 设置文本字体格式

选择相应的文本，在"开始"选项卡中设置字体为"宋体""五号"并加粗文本，完成文本字体格式设置。

公司招聘简章

招聘职位：JAVA高级开发工程师
职位描述
岗位工作
负责 JAVA程序开发；
按照公司的要求完成相应的编码以及相关文档；
协助公司的市场人员完成软件演示、技术答疑等相关任务；
维护和升级一定的现有软件产品，快速定位并修复现有软件缺陷。
任职条件
本科及以上学历，2 年以上 Java 工作经验；
精通 JAVA 语言，熟悉 Spring、Jsp、Servlet、springmvc、SSH 等开发技术；
熟悉 Java 多线程开发，了解各种网络协议：Tcp、Udp、Http、Smtp、POP3 等；
熟练使用 SQL 语言，有 Mysql、Oracle 等大型数据库使用及设计、开发经验；
有负责软件需求设计、数据库设计、编写软件设计文档、概要设计文档、数据库设计文
具体经验；
有较强的表达和沟通能力；
工作认真、积极主动、严谨、敬业，具备团队精神，能承受一定的工作压力。
公司简介
云信科技有限责任公司成立于 2010 年，主要面向运营商、企业和移动终端用户提供跨
多终端接入增值业务平台、多终端接入全套网络应用服务、全套增值业务系统解决方案
术解决方案。目前，公司在移动通信增值业务方面形成了一系列产品，自主开发的产品
信、金融、媒体、传统企业等领域得到了广泛应用。
应聘方式
邮寄方式
有意者请将自荐信、学历、简历（附 1 寸照片）于 2019 年 5 月 3 日前寄至长沙市朝阳
号，并请清联系地址、电话。收到材料后，一周内通知面试时间。

10. 修改数字和英文文本

选择文档中的数字和英文文本，在"开始"选项卡中设置字体为Times New Roman "五号"。

按照公司的要求完成相应的编码以及相关文档；
协助公司的市场人员完成软件演示、技术答疑等相关任务；
维护和升级一定的现有软件产品，快速定位并修复现有软件缺陷。
任职条件
本科及以上学历，2 年以上 Java 工作经验；
精通 JAVA 语言，熟悉 Spring、Jsp、Servlet、springmvc、SSH 等开发技术；
熟悉 Java 多线程开发，了解各种网络协议：Tcp、Udp、Http、Smtp、POP3 等；
熟练使用 SQL 语言，有 Mysql、Oracle 等大型数据库使用及设计、开发经验；
有负责软件需求设计、数据库设计、编写软件设计文档、概要设计文档、数据库设计文档等
具体经验；
有较强的表达和沟通能力；
工作认真、积极主动、严谨、敬业，具备团队精神，能承受一定的工作压力。
公司简介
云信科技有限责任公司成立于 2010 年，主要面向运营商、企业和移动终端用户提供跨平台
多终端接入增值业务平台、多终端接入全套网络应用服务、全套增值业务系统解决方案和技
术解决方案。目前，公司在移动通信增值业务方面形成了一系列产品，自主开发的产品在通
信、金融、媒体、传统企业等领域得到了广泛应用。
应聘方式
邮寄方式
有意者请将自荐信、学历、简历（附 1 寸照片）于 2019 年 5 月 3 日前寄至长沙市朝阳路 1
号，并请清联系地址、电话。收到材料后，一周内通知面试时间。
联系人：姚小姐
联系电话：0731-8888****
邮编：410000
电子邮件方式
有意者请将自荐信、学历、简历等以正文形式发送至 yunxin-hr@yunxinkj.com。
合则约见，拒绝来访。

在"字体"面板中，单击"倾斜"按钮，可以倾斜文本；单击"下标"按钮，则可以为文本添加下标文字；单击"上标"按钮，则可以为文本添加上标文字。

2.1.4　插入与编辑表格文本

在制作公司招聘简章时为了更好地查看招聘条件和排版招聘内容，常常会用到表格。表格由水平的行和垂直的列组成，行与列交叉形成的方框称为单元格。在公司招聘简章文档中创建表格时，可以使用"表格"命令快速创建，然后对创建后的表格进行编辑，其具体操作步骤如下。

1. 添加空行

在制作好的"公司招聘简章"文档中，将光标定位在第二行的末尾处，按Enter键确认，添加空行并自动定位至下一行。

公司招聘简章

招聘职位：JAVA 高级开发工程师

职位描述
岗位工作
负责 JAVA 程序开发；
按照公司的要求完成相应的编码以及相关文档；
协助公司的市场人员完成软件演示、技术答疑等相关任务；
维护和升级一定的现有软件产品，快速定位并修复现有软件缺陷。
任职条件
本科及以上学历，2 年以上 Java 工作经验；
精通 JAVA 语言，熟悉 Spring、Jsp、Servlet、springmvc、SSH 等开
熟悉 Java 多线程开发，了解各种网络协议：Tcp、Udp、Http、Smtp
熟练使用 SQL 语言，有 Mysql、Oracle 等大型数据库使用及设计、

2. 选择命令

❶在"插入"选项卡中单击"表格"下三角按钮；❷在弹出的菜单中选择"插入表格"命令。

WPS 文字中提供了多种创建表格的方法，用户可以从一组预先设置好格式的表格中选择，或通过设置需要的行数和列数来插入表格，还可以拖动鼠标绘制表格。

3. 设置表格参数

❶在"插入表格"对话框中"表格尺寸"选项区域中设置"列数"为2、"行数"为1；❷单击"确定"按钮。

4.复制粘贴表格文本

插入一列表格，打开相关素材中的"素材\第2章\招聘文档1.txt"文本文档，将文档中的内容复制粘贴进文档的表格中。

公司招聘简章

招聘职位：JAVA高级开发工程师

工作性质：全职	工作地点：长沙
发布日期：2019年4月17日	截止日期：2019年5月3日
招聘人数：5人	薪水：年薪6~10万
工作经验：2年	学历：本科以上

职位描述
岗位工作
负责JAVA程序开发；
按照公司的要求完成相应的编码以及相关文档；
协助公司的市场人员完成软件演示、技术答疑等相关任务；
维护和升级一定的现有软件产品，快速定位并修复现有软件缺陷。
任职条件
本科及以上学历，2年以上Java工作经验；
精通JAVA语言，熟悉Spring、Jsp、Servlet、springmvc、SSH等开发技术；
熟悉Java多线程开发，了解各种网络协议：Tcp、Udp、Http、Smtp、POP3等；
熟练使用SQL语言，有Mysql、Oracle等大型数据库使用及设计、开发经验；
有负责软件需求设计、数据库设计、编写软件设计文档、概要设计文档、数据库设计文档等具体经验；
有较强的表达和沟通能力；

5.设置文本字体格式

选择表格文本，单击"加粗"按钮，取消文本的加粗，然后选择数字文本，设置字体为Times New Roman。

公司招聘简章

招聘职位：JAVA高级开发工程师

工作性质：全职	工作地点：长沙
发布日期：2019年4月17日	截止日期：2019年5月3日
招聘人数：5人	薪水：年薪6~10万
工作经验：2年	学历：本科以上

职位描述
岗位工作
负责JAVA程序开发；
按照公司的要求完成相应的编码以及相关文档；
协助公司的市场人员完成软件演示、技术答疑等相关任务；
维护和升级一定的现有软件产品，快速定位并修复现有软件缺陷。
任职条件

6.选择命令

❶继续选择表格文本，在"开始"选项卡中单击"边框"下三角按钮；❷在弹出的菜单中选择"无框线"命令。

7.取消表格框线

完成表格框线的取消设置，然后删除多余的空行并查看文档效果。

公司招聘简章

❖ **招聘职位：JAVA高级开发工程师**

工作性质：全职	工作地点：长沙
发布日期：2019年4月17日	截止日期：2019年5月3日
招聘人数：5人	薪水：年薪6~10万
工作经验：2年	学历：本科以上

职位描述
岗位工作
负责JAVA程序开发；
按照公司的要求完成相应的编码以及相关文档；
协助公司的市场人员完成软件演示、技术答疑等相关任务；
维护和升级一定的现有软件产品，快速定位并修复现有软件缺陷。
任职条件

2.1.5 设置底纹重点显示文本

为文本添加底纹，可以美化文档中的文字效果，使某些文字内容重点突出，具体操作步骤如下。

1.选择底纹颜色

❶在制作好的"公司招聘简章"文档中按住Ctrl键，选择多段文本，单击"突出显示"下三角

按钮；❷在弹出的菜单中选择"灰色–25%"颜色。

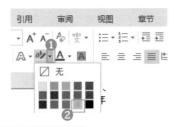

2. 添加文本底纹

在选择文本中添加底纹，重点显示文本，并查看文档效果。

任职条件
本科及以上学历，2年以上 Java 工作经验；
精通 JAVA 语言，熟悉 Spring、Jsp、Servlet、springmvc、SSH等
熟悉 Java 多线程开发，了解各种网络协议：Tcp、Udp、Http、S
熟练使用 SQL 语言，有 Mysql、Oracle 等大型数据库使用及设计
有负责软件需求设计、数据库设计、编写软件设计文档、概要设计
具体经验；
有较强的表达和沟通能力；
工作认真、积极主动、严谨、敬业，具备团队精神，能承受一定
公司简介
云信科技有限责任公司成立于 2010 年，主要面向运营商、企业
多终端接入增值业务平台、多终端接入全套网络应用服务、全套
术解决方案。目前，公司在移动通信增值业务方面形成了一系列
信、金融、媒体、传统企业等领域得到了广泛应用。
应聘方式
邮寄方式
有意者请将自荐信、学历、简历（附 1 寸照片）于 2019 年 5 月

技巧拓展

在为文本添加底纹后，如果需要取消底纹显示，则可以选择带底纹的段落文本，在"开始"选项卡中，单击"突出显示"下三角按钮，在弹出的菜单中选择"无"命令即可实现。

2.1.6　字符间距与段落格式

在修饰公司招聘简章中的文档内容时，不仅需要对字符格式进行设置，还要对具体的字符间距和段落对齐方式进行设置。使用"段落"面板中的各种对齐按钮，可以调整段落文本的位置，也可以调整段落的行距和缩进方式，具体操作步骤如下。

1. 选择文本并选择命令

在制作好的"公司招聘简章"文档中选择文档中的标题文本，右击标题文本，在弹出的快捷菜单中选择"字体"命令。

2. 设置参数

❶在弹出的"字体"对话框中选择"字符间距"选项卡；❷在"间距"列表框中选择"加宽"选项；❸设置其右侧的"值"参数为"0.11厘米"；❹单击"确定"按钮。

技巧拓展

"间距"列表框中包含有"加宽""标准"和"紧缩"3种间距效果。选择"紧缩"选项，则可以缩小字符之间的间距；选择"加宽"选项，则可以放宽字符之间的间距；选择"标准"选项，则让字符之间的间距保持默认状态。

3. 设置字符间距

返回文档中，完成字符间距的设置并查看文档效果。

公 司 招 聘 简 章

招聘职位：JAVA高级开发工程师
工作性质：全职
发布日期：2019年4月17日
招聘人数：5人
工作经验：2年
职位描述
岗位工作

4. 居中对齐文本

❶选择标题文本，在"开始"选项卡中单击"居中"按钮；❷将文本居中对齐。

公 司 招 聘 简 章 ❷

招聘职位：JAVA高级开发工程师
工作性质：全职　　　　　工作地点：长沙
发布日期：2019年4月17日　截止日期：2019年5月3日
招聘人数：5人　　　　　薪水：年薪6～10万
工作经验：2年　　　　　学历：本科以上
职位描述
岗位工作
负责JAVA程序开发；
按照公司的要求完成相应的编码以及相关文档；
协助公司的市场人员完成软件演示、技术答疑等相关任务；

技巧拓展

段落的对齐方式有"左对齐""居中""右对齐"和"两端对齐"4种，单击不同的按钮，则可以将文本放置在不同的位置上。

5. 选择文本并选择命令

继续选择标题文本，右击，在打开的快捷菜单中选择"段落"命令。

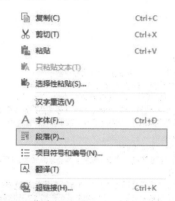

6. 设置段落参数

❶在弹出的"段落"对话框中设置"段后"参数为1；❷单击"确定"按钮。

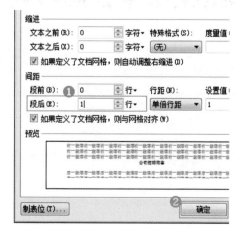

7. 设置段落格式

为标题文本设置段落格式并查看文档效果。

公司招聘简章

招聘职位：JAVA高级开发工程师
工作性质：全职   工作地点：长沙
发布日期：2019 年 4 月 17 日   截止日期：2019 年 5
招聘人数：5 人   薪水：年薪 6～10 万
工作经验：2 年   学历：本科以上
职位描述
岗位工作
负责 JAVA 程序开发；|
按照公司的要求完成相应的编码以及相关文档；
协助公司的市场人员完成软件演示、技术答疑等相关任务；
维护和升级一定的现有软件产品，快速定位并修复现有软件缺陷。
任职条件
本科及以上学历，2年以上 Java 工作经验；
精通JAVA语言，熟悉 Spring、Jsp、Servlet、springmvc、SSH等开发
熟悉 Java 多线程开发，了解各种网络协议：Tcp、Udp、Http、Smtp

8. 选择文本并单击按钮

❶ 依次选择表格文本和副标题文本；❷ 在"开始"选项卡中单击"段落"按钮。

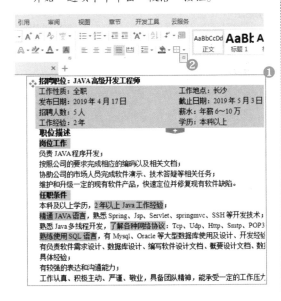

9. 设置参数值

❶ 在弹出的"段落"对话框"行距"列表框中选择"多倍行距"选项，并设置"设置值"为1.15；❷ 在"对齐方式"列表框中选择"左对齐"选项；❸ 单击"确定"按钮。

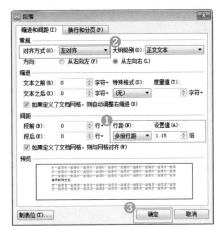

10. 设置段落格式

为选择的文本设置段落格式并查看文档效果。

公司招聘简章

招聘职位：JAVA高级开发工程师
工作性质：全职   工作地点：长沙
发布日期：2019 年 4 月 17 日   截止日期：2019 年 5 月 3 日
招聘人数：5 人   薪水：年薪 6～10 万
工作经验：2 年   学历：本科以上
职位描述
岗位工作
负责 JAVA 程序开发；
按照公司的要求完成相应的编码以及相关文档；
协助公司的市场人员完成软件演示、技术答疑等相关任务；
维护和升级一定的现有软件产品，快速定位并修复现有软件缺陷。
任职条件
本科及以上学历，2年以上 Java 工作经验；
精通 JAVA语言，熟悉 Spring、Jsp、Servlet、springmvc、SSH等开发技术；
熟悉 Java 多线程开发，了解各种网络协议：Tcp、Udp、Http、Smtp、POP3 等；
熟练使用 SQL 语言，对 Oracle 等大型数据库使用及设计、开发经验；
有负责软件需求设计、数据库设计、编写软件设计文档、概要设计文档、数据库设计文档等具体经验；
有较强的表达和沟通能力；
工作认真、积极主动、严谨、敬业，具备团队精神，能承受一定的工作压力。
公司简介
云信科技有限责任公司成立于2010年，主要面向运营商、企业和移动终端用户提供跨平台多终端接入增值业务平台、多终端接入全套网络应用服务、全套增值业务系统解决方案和技术解决方案。目前，公司在移动通信增值业务方面形成了一系列产品，自主开发的产品在通

11. 选择文本并选择命令

依次选择相应的段落文本，右击，在弹出的快捷菜单中选择"段落"命令。

12. 设置参数值

❶在弹出的"段落"对话框中设置"对齐方式"为"左对齐"；❷在"特殊格式"列表框中选择"首行缩进"选项；❸单击"确定"按钮。

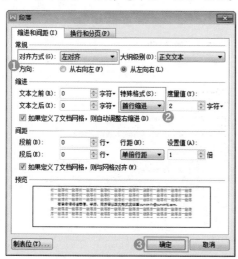

13. 完成段落缩进设置

完成段落缩进格式设置并查看文档效果。

有较强的表达和沟通能力；
工作认真、积极主动、严谨、敬业，具有团队精神，能承受一定的工作压力。
公司简介
　　云信科技有限责任公司成立于 2010 年，主要面向运营商、企业和移动终端用户提供跨平台多终端接入增值业务平台、多终端接入全套网络应用服务、全套增值业务系统解决方案和技术解决方案。目前，公司在移动通信增值业务方面形成了一系列产品，自主开发的产品在通信、金融、媒体、传统企业等领域得到了广泛应用。
应聘方式
邮寄方式
　　有意者请将自荐信、学历、简历（附 1 寸照片）于 2019 年 5 月 3 日前寄至长沙市朝阳路 1 号，并写清联系地址、电话。收到材料后，一周内通知面试时间。
　　　　联系人：姚小姐
　　　　联系电话：0731-8888****
　　　　邮编：410000
电子邮件方式
　　有意者请将自荐信、学历、简历等以正文形式发送至 yunxin-hr@yunxinkj.com。
　　合则约见，拒绝来访。
云信科技有限责任公司

14. 右对齐落款文本

选择落款文本，在"开始"选项卡中，单击"右对齐"按钮，右对齐落款文本。

有较强的表达和沟通能力；
工作认真、积极主动、严谨、敬业，具有团队精神，能承受一定的工作压力。
公司简介
　　云信科技有限责任公司成立于 2010 年，主要面向运营商、企业和移动终端用户提供跨平台多终端接入增值业务平台、多终端接入全套网络应用服务、全套增值业务系统解决方案和技术解决方案。目前，公司在移动通信增值业务方面形成了一系列产品，自主开发的产品在通信、金融、媒体、传统企业等领域得到了广泛应用。
应聘方式
邮寄方式
　　有意者请将自荐信、学历、简历（附 1 寸照片）于 2019 年 5 月 3 日前寄至长沙市朝阳路 1 号，并写清联系地址、电话。收到材料后，一周内通知面试时间。
　　　　联系人：姚小姐
　　　　联系电话：0731-8888****
　　　　邮编：410000
电子邮件方式
　　有意者请将自荐信、学历、简历等以正文形式发送至 yunxin-hr@yunxinkj.com。
　　合则约见，拒绝来访。
　　　　　　　　　　　　　云信科技有限责任公司

2.1.7　为文字快速添加日期

在编辑公司招聘简章文档时，需要为文档添加日期，才能清楚知道招聘通知所发布的时间。使用"日期"命令，可以在打开的"日期和时间"对话框中，选择不同格式的日期和时间，进行添加操作。具体操作步骤如下。

1.单击按钮

❶在制作好的"公司招聘简章"文档中，将光标定位至落款文本的结尾处，按Enter键，切换至下一行；❷在"插入"选项卡中单击"日期"按钮。

2.选择日期格式

❶在弹出的"日期和时间"对话框的"可用格式"列表框中，选择日期格式；❷单击"确定"按钮。

技巧拓展

WPS文字中的日期和时间自动插入功能强大。插入日期和时间的可用格式有11种，除了插入数字显示的日期和时间外，还可以插入中文显示的日期和时间。

3.添加日期

返回到文档中完成日期的添加，并修改日期时间，然后修改数字的字体格式并查看文档效果。

限责任公司成立于2010年，主要面向运营商、企业和移动终端用户提供跨增值业务平台、多终端接入全套网络应用服务、全套增值业务系统解决方案。目前，公司在移动通信增值业务方面形成了一系列产品，自主开发的产品媒体、传统企业等领域得到了广泛应用。

自荐信、学历、简历（附1寸照片）于2019年5月3日前寄至长沙市朝阳联系地址、电话。收到材料后，一周内通知面试时间。
小姐
0731-8888****
00

自荐信、学历、简历等以正文形式发送至 yunxin-hr@yunxinkj.com。
拒绝来访。

| 云信科技有限责任公司 |
| 2019年4月10日 |

2.1.8　添加项目符号和编号

在公司招聘简章文档中，为了使文档内容富有层次感，以便更好地查看岗位工作和招聘条件等内容，需要为文档添加编号和项目符号，具体操作步骤如下。

1.选择编号样式

❶在制作好的"公司招聘简章"文档中依次选择副标题文本，在"开始"选项卡中单击"编号"下三角按钮；❷在弹出的菜单中选择合适的编号样式。

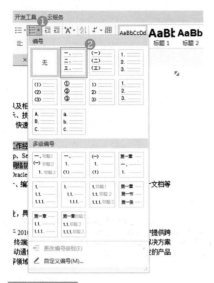

2. 添加编号

为选择的标题文本添加编号样式后设置标题文本的段落格式和对齐方式，并查看文档效果。

一、职位描述
岗位工作
负责JAVA程序开发；
按照公司的要求完成相应的编码以及相关文档；
协助公司的市场人员完成软件演示、技术答疑等相关任务；
维护和升级一定的现有软件产品，快速定位并修复现有软件缺陷。
任职条件
本科及以上学历，2年以上Java工作经验；
精通JAVA语言，熟悉Spring, Jsp, Servlet, springmvc, SSH等开发技术；
熟悉Java多线程开发，了解各种网络协议: Tcp, Udp, Http, Smtp, POP3等；
熟练使用SQL语言，有Mysql、Oracle等大型数据库使用及设计、开发经验；
有负责软件需求设计、数据库设计、编写软件设计文档、概要设计文档、数据库设计文档等具体经验；
有较强的表达和沟通能力；
工作认真、积极主动、严谨、敬业，具备团队精神，能承受一定的工作压力。
二、公司简介
云信科技有限责任公司成立于2010年，主要面向运营商、企业和移动终端用户提供跨平台多终端接入增值业务平台。全面网络应用服务、全套增值业务系统解决方案和技术解决方案。目前，公司在移动通信增值业务方面形成了一系列产品，自主开发的产品在通信、金融、媒体、传统企业等领域得到了广泛应用。
三、应聘方式
邮箱方式

技巧拓展

在为文本添加编号时，如果"编号样式"列表框中自带的编号样式不能满足用户需要，则可以在"编号样式"列表框中选择"自定义编号"命令，在弹出的"项目符号和编号"对话框中重新定义编号样式即可。

3. 选择编号样式

❶选择正文文本，单击"编号"下三角按钮；❷在弹出的菜单中选择合适的编号样式。

4. 添加编号

为选择的正文文本添加编号样式后用同样的方法为其他正文文本添加编号，然后设置编号文本的段落格式。

岗位工作
(1) 负责JAVA程序开发；
(2) 按照公司的要求完成相应的编码以及相关文档；
(3) 协助公司的市场人员完成软件演示、技术答疑等相关任务；
(4) 维护和升级一定的现有软件产品，快速定位并修复现有软件缺陷。
任职条件
(1) 本科及以上学历，2年以上Java工作经验；
(2) 精通JAVA语言，熟悉Spring, Jsp, Servlet, springmvc, SSH等开发技术；
(3) 熟悉Java多线程开发，了解各种网络协议: Tcp, Udp, Http, Smtp, POP3等；
(4) 熟练使用SQL语言，有Mysql、Oracle等大型数据库使用及设计、开发经验；
(5) 有负责软件需求设计、数据库设计、编写软件设计文档、概要设计文档、数据库设计文档等具体经验；
(6) 有较强的表达和沟通能力；
(7) 工作认真、积极主动、严谨、敬业，具备团队精神，能承受一定的工作压力。
二、公司简介
云信科技有限责任公司成立于2010年，主要面向运营商、企业和移动终端用户提供跨

5. 选择项目符号样式

❶依次选择相应的文本，单击"项目符号"下三角按钮；❷在弹出的菜单中选择合适的项目符号样式。

6. 添加项目符号

为选择的文本添加项目符号样式并查看文档效果。

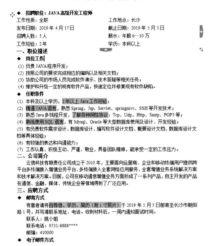

技巧拓展

在文本中使用项目符号时，如果要使用默认项目符号样式以外的符号作为项目符号，可以单击"项目符号"下三角按钮，在弹出的菜单中选择"自定义项目符号"命令，在打开的"项目符号和编号"对话框中，设置其他符号或图片作为项目符号。

2.1.9 标题样式修改

样式是字体、字号和缩进等格式设置特性的组合，并且这一组合可以作为集合加以命名和存储，应用样式时，将同时应用该样式中所有的格式设置指令。在制作招聘简章时，需要应用到标题样式，其具体操作步骤如下。

1. 选择命令

在"公司招聘简章"文档的"开始"选项卡的"样式"列表框中选择"标题1"样式，右击，在弹出的快捷菜单中选择"修改样式"命令。

2. 设置参数值

❶在弹出的"修改样式"对话框中修改格式字号为"宋体""小四"并单击"加粗"按钮；❷单击"左对齐"按钮。

3. 选择命令

❶单击"格式"下三角按钮；❷在弹出的菜单中选择"段落"命令。

4.设置参数值

❶在弹出的"段落"对话框中设置"间距"和"行距"参数；❷单击"确定"按钮。

技巧拓展

在"样式"列表框中不仅可以新建和修改样式，还可以单击"清除格式"按钮，将多余的格式删除。

5.修改标题样式

完成标题样式的修改后按住Ctrl键，选择合适的文本，在"开始"选项卡中的"样式"列表框中选择"标题1"样式，即可为文本修改标题样式并查看文档效果。

2.1.10 文档另存为与命名

完成文档的制作与编辑后，为了防止文档丢失，需要对文档进行保存操作，在保存过程中，还需要为文档进行命名操作，以便于日后查找使用，具体操作步骤如下。

1.选择命令

❶在制作好的"公司招聘简章"文档的工作界面中单击"WPS文字"下三角按钮 ；❷在弹出的菜单中选择"文件"命令；❸在弹出的子菜单中选择"保存"命令。

2.保存与命名文档

❶在弹出的"另存为"对话框中设置"文件名"为"公司招聘简章"；❷设置保存路径；❸单击"保存"按钮，完成文档的保存与命名操作。

技巧拓展

在保存文档时，还可以在"文件"列表框中，选择"另存为"命令，对文档进行另存为操作。

2.2 批注与修订——年终演讲文稿

年终演讲文稿是用来记录一年来的工作与学习，并进行回顾和分析，从中找出经验和教训的演讲文档，其内容包含有一年来的情况概述、成绩、经验教训和今后努力的方向。完成本例，需在WPS 文字中进行自动检测文字、查找特殊符号、添加与删除批注、修改批注者的姓名、使用修订模式、接受文档的修订、添加脚注和尾注等操作步骤。

2.2.1 自动检测文字

在制作年终演讲文稿时，为了防止演讲出错，需要对演讲文稿中的文本内容进行检查。但是一个一个地检查工作量太大，也容易出错，此时可以开启"自动检测文字"功能，自动检测文档中的错误文字，其具体操作步骤如下。

1. 打开文档

单击快速访问工具栏中的"打开"按钮，打开配套素材中的"第2章\年终演讲文稿.docx"文档。

2. 选择命令

❶单击"WPS 文字"按钮；❷在弹出的菜单中，选择"选项"命令。

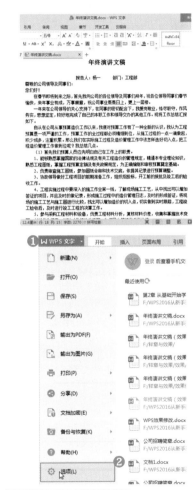

3. 设置拼写检查参数

❶在弹出的"选项"对话框左侧列表框中选择"拼写检查"选项；❷在右侧列表框中，选中

相应的复选框；❸单击"确定"按钮，开启文字的自动检测功能。

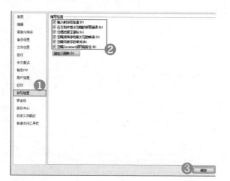

技巧拓展

在自动检测文字时，还可以在"审阅"选项卡下，单击"拼写检查"下三角按钮，在弹出的菜单中选择"拼写检查"命令，可以自动检查文档中的文字与语法。

2.2.2　查找与替换特殊符号

查找与替换是文字处理软件最常用的功能之一。灵活运用查找替换功能，不仅可以提升工作效率，更可以快速替换错误的文本和符号，其具体操作步骤如下。

1. 选择命令

❶在"年终演讲文稿"文档的"开始"选项卡下单击"查找替换"下三角按钮；❷在弹出的菜单中选择"查找"命令。

2. 设置查找条件

❶在弹出的"查找和替换"对话框"查找内容"文本框中输入符号"《"；❷单击"查找下一处"按钮。

技巧拓展

在"WPS文字"程序中，按Ctrl+F快捷键，也可以快速弹出"查找和替换"对话框。

3. 查找符号文本

查找出符号文本并在文档中查看查找结果。

4. 查找其他符号文本

继续在"查找和替换"对话框单击"查找下一处"按钮，继续查找其他的符号文本。

5. 设置替换条件

❶在"查找和替换"对话框中切换至"替换"选项卡，在"替换为"文本框中输入符号""";❷单击"全部替换"按钮。

6. 单击按钮

弹出提示对话框，提示"已完成对当前选择范围的搜索，并完成1处替换，是否查找文档的其他部分？"单击"确定"按钮。

技巧拓展

在对文档内容进行查找替换时，如果所查找的内容或所需要替换为的内容中包含特殊格式，如段落标记、手动换行符、制表位和分节符等特定内容，均可以在"查找和替换"对话框的"特殊格式"菜单中选择相应的命令。

7. 单击按钮

继续弹出提示对话框，提示已经全部替换完成，单击"确定"按钮，完成特殊符号的替换操作。

8. 查找和替换文本

使用同样的方法，将另一半的书名符号进行查找和替换操作，并查看替换后的文档效果。

（6）发扬吃苦耐劳精神。面对预算事务杂、任务重的工作性质，不怕吃苦，勇挑重担，主动找事干，做到"眼勤、嘴勤、手勤、腿勤"，积极适应各种艰苦环境，在繁重的工作中磨练意志，增长才干。

（7）发扬孜孜不倦的进取精神。加强学习，勇于实践，博览群书，不断积累，在向书本学习的同时注意收集各类信息，广泛汲取各种"营养"，同时，讲究学习方法，端正学习态度，提高学习效率，防止和克服浅尝辄止、一知半解的倾向。努力培养自己具有扎实的理论功底、辨正的思维方法、正确的思想观点、踏实的工作作风、周密的组织能力、机智的分析能力、果敏的处事能力、广泛的社交能力、从而逐步达到"张口能讲，提笔能写，下手能干"的境界。

（8）发扬超越自我的精神。要打破长期形成的心理定势和思维定势，勇于发现和纠正自己工作中的缺点、错误，不断调整自己的思维方式和工作方法，分阶段提出较高的学习和工作目标，不断追求，奋发进取，以适应各项工作超常规、跳跃式发展的需要。

保持良好的心态，像到泰然自若地处理问题。冷静分析问题的原因，从而对症下药，客观地找到解决问题的最佳方法。

认真仔细地做好各项工作。老子曾说："天下男士，必象于易，天下天下大事，必象于细"，它精辟地指出了细节决定成败，要做好任何一件事都必须从简单的事情做起，从细微之处入手。

今后的工作中，我要进一步仔细观察、深入思考工作的每个细节，提前考虑到各项工作中可能出现的一些细节问题，高标准严格要求自己，力争把工作做到精益求精。

2.2.3 添加与删除批注

在审阅年终演讲文稿时，为了标记出错误的地方，方便以后修改，则可以通过添加批注的方法，对浏览过的内容进行标记或注释。如果添加了多余的批注，则可以使用"删除"命令删除。其具体操作步骤如下。

1. 选择文本

❶在"年终演讲文稿"文档中，选择需要添加批注的文本；❷在"审阅"选项卡下单击"插入批注"按钮。

2. 添加批注

弹出批注文本框，在文本框中输入批注内容，完成批注的添加操作。

3. 添加批注

使用同样的方法，在文档中依次选择相应的文本，为其添加批注。

4. 删除批注

❶选择多余的批注，在"审阅"选项卡下单击"删除"按钮；❷删除批注。

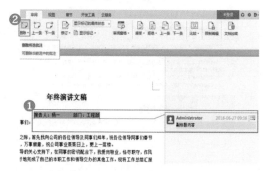

技巧拓展

在删除文档中的批注时，如果需要删除文档中的所有批注，则可以在"审阅"选项卡下单击"删除"下三角按钮，在弹出的菜单中选择"删除文档中的所有批注"命令即可。

2.2.4 修改批注者的姓名

为了能够更好地阅读演讲文稿，在添加批注时，最好表明是谁添加的批注，因此需要对批注者的姓名进行修改，其具体操作步骤如下。

1. 选择命令

❶在"年终演讲文稿"文档中，单击"WPS文字"按钮；❷在弹出的菜单中选择"选项"命令。

2. 设置用户信息

❶在"选项"对话框左侧列表框中选择"用户信息"选项；❷在右侧列表框中依次输入姓名和缩写信息；❸单击"确定"按钮。

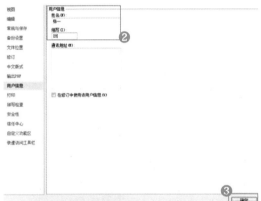

3. 添加多个批注

完成批注者姓名的修改，在文档中选择符号文本，单击"插入批注"按钮，添加多个批注，则新添加批注的姓名为修改后的批注者姓名。

2.2.5 修订模式的使用

使用"修订"功能，可以在保留文档原有格式或内容的同时，在页面中对文档内容进行修订，还可以用于协同工作。使用修订模式的具体操作步骤如下。

1. 选择命令

❶在"年终演讲文稿"文档中的"审阅"选项卡下单击"修订"下三角按钮；❷在弹出的菜单中选择"修订"命令。

2. 修改批注文本

开启"修订"模式，并直接在修订模式下对错误的文本进行修改操作。

技巧拓展

如果需要关闭修订模式，则可以单击"修订"下三角按钮，在弹出菜单中再次选择"修订"命令。

2.2.6 切换修订的显示状态

进入修订模式更改年终演讲文稿时，可以根据需要更改修订模式的显示状态。修订模式的显示状态包含有显示标记的最终状态、最终状态、显示标记的原始状态以及原始状态4种显示方式，其具体操作步骤如下。

1. 选择命令

❶在"年终演讲文稿"文档中的"审阅"选项卡下单击"显示以供审阅"下三角按钮；❷在弹出的菜单中选择"最终状态"命令。

2. 最终状态显示文本

以"最终状态"显示修订文本并查看文档效果。

技巧拓展

在"审阅"选项卡的相应面板中，单击"显示标记"按钮，可以选择显示修订模式下的各种标记；单击"审阅窗口"按钮，将会在文档界面中以水平或垂直的方式显示审阅窗口。

3. 选择命令

❶在"审阅"选项卡下单击"显示以供审阅"下三角按钮；❷在弹出的菜单中选择"显示标记的原始状态"命令。

4. 带标记原始状态显示文本

以"显示标记的原始状态"显示修订文本并查看文档效果。

5. 选择命令

❶在"审阅"选项卡下单击"显示以供审阅"下三角按钮；❷在弹出的菜单中选择"原始状态"命令。

6.原始状态显示文本

可以"原始状态"显示修订文本，并查看文档效果。

> （6）发扬吃苦耐劳精神。面对预算事务杂、任务重的工作主动找事干，做到"眼勤、嘴勤、手勤、腿勤"，积极适应各磨练意志，增长才干。
> （7）发扬孜孜不倦的进取精神。加强学习，勇于实践，本学习的同时注意收集各类信息，广泛汲取各种"营养"，同态度，提高学习效率，防止和克服浅尝辄止、一知半解的倾向论功底、矫正的思维方法、正确的思想观点、踏实的工作作风力、果敢的处事能力、广泛的社交能力、从而逐步达到"张口的境界。
> （8）发扬超越自我的精神。要打破长期形成的心理定势自己工作中的缺点、错误，不断调整自己的思维方式和工作方工作目标，不断追求，奋发进取，以适应各项工作超常规、跳保持良好的心态，做到泰然自若地处理问题。冷静分析问观地找到解决问题的最佳方法。
> 认真仔细地做好各项工作。老子曾说："天下男与，必做细"，它精辟地指出了细节决定成败，要做好任何一件事都必之处入手。

如果需要以"带标记的最终状态"显示修订内容，则可以在"审阅"选项卡下，单击"显示以供审阅"下三角按钮，在弹出的菜单中选择"显示标记的最终状态"命令即可。

2.2.7 接受文档的修订

在修订年终演讲文稿后，可以使用"接受"功能，对修订后的文档进行接受操作。其具体操作步骤如下。

1.选择命令

在"年终演讲文稿"文档中的"审阅"选项卡下单击"接受"下三角按钮；在弹出的菜单中选择"接受对文档所做的所有修订"命令。

2.接受文本修订

接受文档中的所有修订操作，然后删除批注文本框并查看文档效果。

> （6）发扬吃苦耐劳精神。面对预算事务杂、任务重的工作主动找事干，做到"眼勤、嘴勤、手勤、腿勤"，积极适应各种磨练意志，增长才干。
> （7）发扬孜孜不倦的进取精神。加强学习，勇于实践，博本学习的同时注意收集各类信息，广泛汲取各种"营养"，同时态度，提高学习效率，防止和克服浅尝辄止、一知半解的倾向。论功底、矫正的思维方法、正确的思想观点、踏实的工作作风力、果敢的处事能力、广泛的社交能力、从而逐步达到"张口的境界。
> （8）发扬超越自我的精神。要打破长期形成的心理定势和自己工作中的缺点、错误，不断调整自己的思维方式和工作方工作目标，不断追求，奋发进取，以适应各项工作超常规、跳保持良好的心态，做到泰然自若地处理问题。冷静分析问题观地找到解决问题的最佳方法。
> 认真仔细地做好各项工作。老子曾说："天下难事，必做于它精辟地指出了细节决定成败，要做好任何一件事都必须从简约手。"
> 今后的工作中，我要进一步仔细观察、深入思考工作中的各

2.2.8 添加脚注和尾注

脚注和尾注都不是文档正文，但仍然是文档的组成部分。它们在文档中的作用完全相同，都是对文档中文本进行补充说明，如单词解释、备注说明或标注文档中引用内容的来源等。其具体操作步骤如下。

1.选择文本

在"年终演讲文稿"文档中选择需要添加脚注的文本；在"引用"选项卡下单击"插入脚注"按钮。

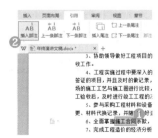

2. 添加脚注

此时，光标将自动跳转至页面底部，输入脚注内容即可。

3. 选择文本

❶选择需要添加位置的文本；❷在"引用"选项卡下单击"插入尾注"按钮。

4. 添加尾注

此时，文档末尾处出现一条直线、编号和光标，直接输入注释文本并设置尾注文本的字体格式为"宋体""五号"。

当需要查看脚注对应的文章内容时，双击脚注标记，可以快速跳转到文档中相应的位置。

2.2.9　限制修改区域

为了保护文档，以免被其他用户修改，可以对文档的内容和格式进行限制修改，设置限制后，应用格式的命令将不可用，其具体操作步骤如下。

1. 单击按钮

在"年终演讲文稿"文档中切换至"审阅"选项卡，单击"限制编辑"按钮。

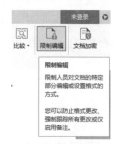

2. 选中复选框并单击按钮

❶打开"限制编辑"窗口，选中"限制对选定的样式设置格式"复选框；❷单击"设置"按钮。

3.设置限制样式

❶弹出"限制格式设置"对话框,单击"全部限制"按钮,在"限制使用的样式"列表框中添加全部的限制样式;❷单击"确定"按钮。

4.设置限制编辑参数

❶弹出提示对话框,单击"否"按钮,返回到"限制编辑"窗口,选中"设置文档的保护方式"复选框;❷选中"每个人"复选框;❸单击"启动保护"按钮。

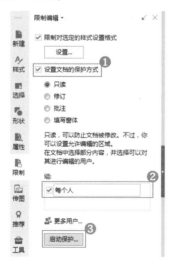

5.输入密码

❶弹出"启动保护"对话框,在"新密码(可选)"和"确认新密码"文本框中依次输入密码;❷单击"确定"按钮。

6.限制编辑文档

限制文档的修改区域并显示文档受保护信息。

技巧拓展

如果用户需要停止文档的限制编辑,则可以在"限制编辑"窗口中单击"停止保护"按钮,在弹出的对话框中输入密码,即可取消文档保护。

2.2.10 字数的统计

完成年终演讲文稿的制作后,使用"字数统计"功能可以快速统计出文档中所录入的字数。其具体操作步骤如下。

1. 单击按钮

在"年终演讲文稿"文档中的"审阅"选项卡下单击"字数统计"按钮。

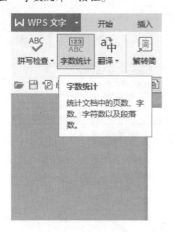

2. 统计文档字数

在"字数统计"对话框中选中"包括脚注和尾注"复选框，即可统计文档字数。

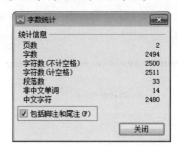

第3章

WPS文字进阶应用

在制作各种文档效果时，为文档添加图片和表格，可以点缀文档效果，使得文档更加美观。为了使文档内容更加规范化，还需要为文档添加页眉与页脚等效果，并对文档进行排版。本章通过日常工作安排和商务合同草案两个实例来介绍WPS文字的进阶应用。

技能概要

调整表格 ----- 插入图片 ----- 编辑图片 ----- 添加页眉 ----- 添加页脚 ----- 双面打印

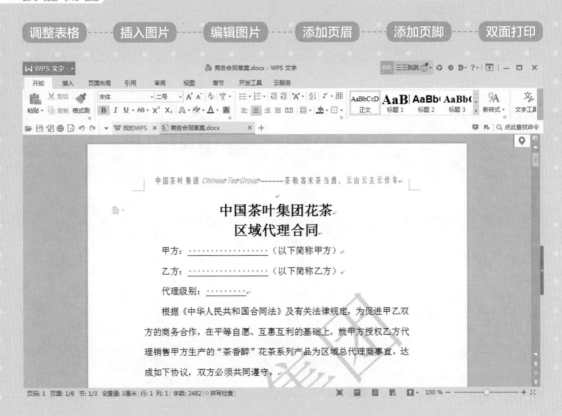

3.1 表格与插图——日常工作安排

日常工作安排用来安排每天的工作计划，在制作日常工作安排表时，最好将工作计划安排合理，以免出现工作做不完的情况。本例需在WPS文字中进行调整行高与列宽、在表格中插入特殊符号、设置表格的对齐方式、在表格添加行列、合并表格中的单元格、根据内容自动调整表格大小、在表格中插入图片、调整表格的嵌入方式以及随心所欲地裁剪图片等操作步骤。

3.1.1 调整行高与列宽

在制作日常工作安排文档时，文档中的表格内容有的显示不完整，有的则显示太空旷。为了更好地显示表格内容，可以使用鼠标或者"表格属性"命令快速调整表格的行高和列宽，其具体操作步骤如下。

1. 打开文档

打开配套素材中的"第3章\每日工作安排表.docx"文档。

2. 单击按钮

选择需要调整列宽的单元格对象，在"表格工具"选项卡下，单击"表格属性"按钮。

3. 设置参数值

❶在"表格属性"对话框中设置"指定宽度"为29；❷单击"确定"按钮。

4. 调整表格列宽

即可调整选择表格的列宽，并查看文档效果。

时间段	事项	备注
09:00-09:15	晨会：昨日达成分享、今日目标分解、仪容仪表检查、鼓舞士气、功能分组	班长执行
09:30-09:45	对账：审核昨日账目（现金/刷卡/小票/百胜）是否账实相符	班长执行
09:45-10:00	5S检查：货场及仓库检查，及时安排优化	班长执行
10:00-11:30	淡场培训：陈列搭配培训/FAB讲解/一衣多搭培训等等（为接下来的客人进店傲成交准备）	班长执行
11:30-12:30	午餐时间（分批次）	
13:30-13:45	上午工作成果检查	店长
13:45-15:30	氛围营造：场内试穿、点对点培训带教、协助销售	店长
15:30-15:45	交接会议：总结早班销售、重申上午培训重点、工作交接、晚班工作安排	店长
15:45-17:30	协助销售及处理其他临时事务	店长
17:30-18:30	晚餐时间（分批次）	
18:30-22:00	协助销售及处理其他临时事务	
22:00-22:30	今日销售分析、库存分析，明确次日上午需要调整的货品，明确明日重点工作。	班长/店长
22:30	下班，卖场卫生打扫/安防设置等	

5. 调整表格列宽

使用同样的方法，选择最右侧的一列表格，设置"指定宽度"参数为18，完成表格列宽的调整。

时间段	事项	备注
09:00-09:15	晨会：昨日达成分享、今日目标分解、仪容仪表检查、鼓舞士气、功能分组	班长执行
09:30-09:45	对账：审核昨日账目（现金/刷卡/小票/百胜）是否账实相符	班长执行
09:45-10:00	5S检查：货场及仓库检查，及时安排优化	班长执行
10:00-11:30	淡场培训：陈列搭配培训/FAB讲解/一衣多搭培训等等（为接下来的客人进店傲成交准备）	班长执行
11:30-12:30	午餐时间（分批次）	
13:30-13:45	上午工作成果检查	店长
13:45-15:30	氛围营造：场内试穿、点对点培训带教、协助销售	店长
15:30-15:45	交接会议：总结早班销售、重申上午培训重点、工作交接、晚班工作安排	店长
15:45-17:30	协助销售及处理其他临时事务	店长
17:30-18:30	晚餐时间（分批次）	
18:30-22:00	协助销售及处理其他临时事务	

6. 手动调整表格列宽

选择需要调整的表格对象，将鼠标移至选择表格的右框线上，单击并拖曳，即可用鼠标调整表格列宽。

时间段	事项	备注
09:00-09:15	晨会：昨日达成分享、今日目标分解、仪容仪表检查、鼓舞士气、功能分组	班长执行
09:30-09:45	对账：审核昨日账目（现金/刷卡/小票/百胜）是否账实相符	班长执行
09:45-10:00	5S检查：货场及仓库检查，及时安排优化	班长执行
10:00-11:30	淡场培训：陈列搭配培训/FAB讲解/一衣多搭培训等等（为接下来的客人进店傲成交准备）	班长执行
11:30-12:30	午餐时间（分批次）	
13:30-13:45	上午工作成果检查	店长

7. 手动调整表格行高

选择需要调整的表格对象，将鼠标移至选择表格的下框线上，单击并拖曳，即可用鼠标调整表格行高。

时间段	事项	备注
09:00-09:15	晨会：昨日达成分享、今日目标分解、仪容仪表检查、鼓舞士气、功能分组	班长执行
09:30-09:45	对账：审核昨日账目（现金/刷卡/小票/百胜）是否账实相符	班长执行
09:45-10:00	5S检查：货场及仓库检查，及时安排优化	班长执行
10:00-11:30	淡场培训：陈列搭配培训/FAB讲解/一衣多搭培训等等（为接下来的客人进店傲成交准备）	班长执行
11:30-12:30	午餐时间（分批次）	
13:30-13:45	上午工作成果检查	店长
13:45-15:30	氛围营造：场内试穿、点对点培训带教、协助销售	店长
15:30-15:45	交接会议：总结早班销售、重申上午培训重点、工作交接、晚班工作安排	店长
15:45-17:30	协助销售及处理其他临时事务	店长
17:30-18:30	晚餐时间（分批次）	
18:30-22:00	协助销售及处理其他临时事务	
22:00-22:30	今日销售分析、库存分析，明确次日上午需要调整的货品，明确明日重点工作。	班长/店长
22:30	下班，卖场卫生打扫/安防设置等	

技巧拓展

在调整表格行高时，不仅可以用鼠标拖曳调整，也还可以在"表格工具"选项卡下单击"表格属性"按钮，弹出"表格属性"对话框，设置"指定高度"参数即可调整表格行高。

3.1.2　在表格中插入特殊符号

特殊符号指相对于传统或常用的符号外，使用频率较少且难以直接输入的符号，如数学符号或单位符号等。使用WPS文字中的"符号"功能可以快速在文档中插入特殊符号，具体操作步骤如下。

1. 选择命令

❶在"日常工作安排"文档中，将光标定位在相应的单元格文本前面，在"插入"选项卡下，单击"符号"下三角按钮；❷在弹出的菜单中选择"其他符号"命令。

2. 选择数字符号

❶在"符号"对话框的"符号"下拉列表框中选择需要插入的数字符号；❷单击"插入"按钮。

在插入特殊符号时，可以在"符号"对话框中切换至"特殊字符"选项卡，选择不同的符号选项，可以插入商标、版权所有以及全角空格等特殊符号。

3. 插入数字符号

关闭对话框，即可在选择单元格中插入数字符号，选择新插入的数字符号，设置字体颜色为"橙色"，并查看文档表格效果。

时间段	事项	备注
09:00-09:15	①晨会：昨日达成分享、今日目标分解、仪容仪表检查、鼓舞士气、功能分组	班长执行
09:30-09:45	②对账：审核昨日账目（现金/刷卡/小票/百胜）是否账实相符	班长执行
09:45-10:00	③S检查：货场及仓库检查，及时安排优化	
10:00-11:30	④表格绘制：陈列摆放培训/AB讲解/一衣多搭培训等等（为接待接下来的客人进店象成交准备）	班长执行
11:30-12:30	⑤午餐时间（分批次）	
12:30-13:45	⑥上午工作成果检查	店长
13:45-15:30	⑦氛围营造：场内试穿、点对点培训陪售、协助销售	店长
15:30-15:45	⑧交接会议：总结早班销售、重申上午培训重点、工作交接、晚班工作安排	
15:45-17:30	⑨协助销售及处理其他偶时事务	
17:30-18:30	⑩检查时间（分批次）	
18:30-22:00	⑪协助销售及处理其他偶时事务	
22:00-22:30	⑫今日销售分析、库存分析，明确次日上午需要调整的货品，明确长/店长明日重点工作	班长/店长
22:30	⑬下班，卖场卫生打扫/安防设置等	

4. 插入数字符号

使用同样的方法，在其他的单元格中依次添加特殊符号，并修改特殊符号的字体颜色，并查看文档效果。

时间段	事项	备注
09:00-09:15	①晨会：昨日达成分享、今日目标分解、仪容仪表检查、鼓舞士气、功能分组	班长执行
09:30-09:45	②对账：审核昨日账目（现金/刷卡/小票/百胜）是否账实相符	班长执行
09:45-10:00	③S检查：货场及仓库检查，及时安排优化	
10:00-11:30	④表格绘制：陈列摆放培训/AB讲解/一衣多搭培训等等（为接待接下来的客人进店象成交准备）	
11:30-12:30	⑤午餐时间（分批次）	
12:30-13:45	⑥上午工作成果检查	店长
13:45-15:30	⑦氛围营造：场内试穿、点对点培训陪售、协助销售	店长
15:30-15:45	⑧交接会议：总结早班销售、重申上午培训重点、工作交接、晚班工作安排	
15:45-17:30	⑨协助销售及处理其他偶时事务	店长
17:30-18:30	⑩检查时间（分批次）	
18:30-22:00	⑪协助销售及处理其他偶时事务	
22:00-22:30	⑫今日销售分析、库存分析，明确次日上午需要调整的货品，明确长/店长明日重点工作	班长/店长
22:30	⑬下班，卖场卫生打扫/安防设置等	

在插入特殊符号时，如果"符号"列表框的"近期使用的符号"选项区中有需要的符号样式，则可以直接选择插入即可。

3.1.3 设置表格的对齐方式

默认情况下，表格的文本是左对齐，很影响文档的排版美观。此时可以使用"对齐方式"功能重新对齐表格中的文本，具体操作步骤如下。

1. 选择命令

❶在制作好的"日常工作安排"文档中选择第一行的表格文本，在"表格工具"选项卡下单击"对齐方式"下三角按钮；❷在弹出的菜单中选择"水平居中"命令。

2. 水平居中对齐文本

将选择的文本设置为水平居中对齐，并查看文档效果。

时间段	事项	备注
09:00-09:15	①晨会：昨日达成分享、今日目标分解、仪容仪表检查、鼓舞士气、功能分组	班长执行
09:30-09:45	②对账：审核昨日账目（现金/刷卡/小票/百胜）是否账实相符	班长执行
09:45-10:00	③5S检查：人货场及仓库检查，及时安排优化	班长执行
10:00-11:30	④流场培训：陈列搭配培训/FAB讲解/一衣多搭培训等等（为接班下来的客人进店象或交接备）	班长执行
11:30-12:30	⑤午餐时间（分批次）	
13:30-13:45	⑥上午工作成果检查	店长
13:45-15:30	⑦氛围营造：场内试穿、点对点培训带教、协助销售	店长
15:30-15:45	⑧交接会议：总结早班销售、重申上午培训重点、工作交接、晚班工作安排	店长
15:45-17:30	⑨协助销售及处理其他临时事务	店长
17:30-18:30	⑩晚餐时间（分批次）	
18:30-22:00	⑪协助销售及处理其他临时事务	
22:00-22:30	⑫今日销售分析、库存分析，明确次日上午需要调整的货品，明确明日重点工作。	班长/店长
22:30	⑬下班，卖场卫生打扫/安防设置等	

技巧拓展

表格文本的对齐方式有多种，选择不同的对齐方式命令，可以得到不同的表格文本对齐效果。例如，选择"靠上两端对齐"命令，可以将表格文本在顶部两端对齐；选择"靠上居中对齐"，可以将表格文本在顶部居中对齐；选择"靠下右对齐"命令，可以将表格文本在底部右对齐。

3. 水平居中对齐表格文本

使用同样的方法，依次选择表格中的其他的单元格文本，设置其对齐方式为"水平居中"，并查看文档效果。

时间段	事项	备注
09:00-09:15	①晨会：昨日达成分享、今日目标分解、仪容仪表检查、鼓舞士气、功能分组	班长执行
09:30-09:45	②对账：审核昨日账目（现金/刷卡/小票/百胜）是否账实相符	班长执行
09:45-10:00	③5S检查：人货场及仓库检查，及时安排优化	班长执行
10:00-11:30	④流场培训：陈列搭配培训/FAB讲解/一衣多搭培训等等（为接下来的客人进店象或交接备）	班长执行
11:30-12:30	⑤午餐时间（分批次）	
13:30-13:45	⑥上午工作成果检查	店长
13:45-15:30	⑦氛围营造：场内试穿、点对点培训带教、协助销售	店长
15:30-15:45	⑧交接会议：总结早班销售、重申上午培训重点、工作交接、晚班工作安排	店长
15:45-17:30	⑨协助销售及处理其他临时事务	店长
17:30-18:30	⑩晚餐时间（分批次）	
18:30-22:00	⑪协助销售及处理其他临时事务	
22:00-22:30	⑫今日销售分析、库存分析，明确次日上午需要调整的货品，明确明日重点工作。	班长/店长
22:30	⑬下班，卖场卫生打扫/安防设置等	

技巧拓展

在设置表格的对齐方式时，还可以在选择单元格文本后，右击，在弹出的快捷菜单中选择"单元格对齐方式"命令，在弹出的子菜单中选择对齐方式图标即可。

3.1.4 在表格添加行列

在编辑日常工作安排文档的过程中，会发现已经创建的表格中缺少了某些数据内

容，需要插入新的行、列或单元格等。WPS
文字提供了相应的命令，可以一次插入多行
或多列单元格。其具体操作步骤如下。

1. 选择列并单击按钮

❶在制作好的"日常工作安排"文档中选择
最右侧的一列单元格；❷在"表格工具"选项卡
下，单击"在右侧插入列"按钮。

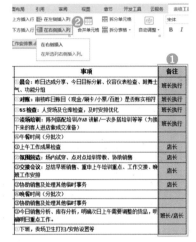

2. 插入列

在选择的单元格右侧插入一列单元格，并查
看文档效果。

技巧拓展

在添加列对象时，如果想在左侧添加列对
象，则还可以在选择单元格对象后，在"表格
工具"选项卡下，单击"在左侧插入列"按钮
即可实现。

3. 选择命令

❶选择表格中的第一行单元格文本，右击，
在弹出的快捷菜单中选择"插入"命令；❷在弹
出的子菜单中选择"行（在上方）"命令。

4. 插入行

在选择的单元格上方插入一行单元格，并查
看文档效果。

技巧拓展

在编辑文档中的表格时，不仅可以在表格
中添加行和列，也可以使用"删除"功能，删
除表格中多余的行和列。

3.1.5 合并表格中的单元格

在使用WPS文字进行表格数据处理的过程中，需要使用"合并单元格"功能，将单元格合并成一个大的单元格，从而在合并后的单元格中输入文本，完成表头和其他表格的编辑。其具体操作步骤如下。

1. 选择单元格

❶在制作好的"日常工作安排"文档中选择最上方的一行单元格对象；❷在"表格工具"选项卡下单击"合并单元格"按钮。

2. 合并单元格

对选择的单元格进行合并操作，将其合并成一个大单元格。

技巧拓展

在合并单元格后，如果需要拆分单元格，则可以选择合并后的单元格，然后在"表格工具"选项卡下，单击"拆分单元格"按钮，弹出"拆分单元格"对话框，设置拆分的"行"和"列"参数，即可将单元格进行拆分。

3. 合并单元格

使用同样的方法，选择其他的单元格，对其进行单元格合并操作。

4. 输入文本

在相应的单元格中依次输入文本内容，设置字体格式为"宋体"，"字号"分别为二号和五号，并加粗文本。

技巧拓展

在合并某一行或某一列中的多个单元格时，还可以在"表格工具"选项卡下，单击"擦除"按钮，然后在需要合并单元格的边框线上，单击并拖曳，即可擦除单元格的边框线条。

3.1.6 根据内容自动调整表格大小

在制作日常工作安排文档时，由于文本内容的不同，导致表格的宽度也不同。为了使表格整体更加美观，可以使用"自动调整"功能，根据表格内的文本内容自动调整表格的大小，其具体操作步骤如下。

1. 选择文本并选择命令

❶在制作好的"日常工作安排"文档中选择所有的表格文本，在"表格工具"选项卡中单击"自动调整"下三角按钮；❷在弹出的菜单中选择"根据内容调整表格"命令。

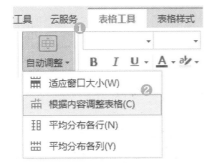

2. 调整表格大小

根据表格的内容调整表格的大小并调整最右侧列的列宽。

每日工作安排表

时间段	事项	备注	安排方式
09:00-09:15	晨会：昨日达成分享、今日目标分解、仪容仪表检查、跳舞士气、功能分组		班长执行
09:30-09:45	对账：审核昨日账目（现金/刷卡/小票/百胜）是否核实相符		班长执行
09:45-10:00	6S检查：人货场及仓库检查，好的安排优化		班长执行
10:00-11:30	流畅培训：陈列搭配培训/不 AB 讲解/一衣多搭培训等（为接下来的客人进店做成文准备）		班长执行
11:30-12:30	午餐时间（分批次）		
13:30-13:45	上午工作成果检查		店长
13:45-15:30	销售时间：场内试穿、点对点培训陪教、协助销售		店长
15:30-15:45	交接会：总结早间销售、重申上午培训重点、工作交接、晚班工作安排		店长
15:45-17:30	协助销售及处理其他偶时事务		店长
17:30-18:30	晚餐时间（分批次）		
18:30-22:00	协助销售及处理其他偶时事务		
22:00-22:30	每日销售分析、库存分析、明确次日上午需要调整的货品、明确明日重点工作		班长/店长
22:30	下班，卖场卫生打扫/安防设置等		

技巧拓展

在根据内容自动调整表格大小时，还可以在选择表格后，右击，在弹出的快捷菜单中选择"自动调整"|"根据内容调整表格"命令，根据内容调整表格。

3.1.7 在表格中插入图片

在编辑日常工作安排文档时，因为排版需要，经常需要向文档中插入一些图片，这样不仅可以美化版面，还可以更好地表达文档中的内容，做到图文并茂。其具体操作步骤如下。

1. 定位单元格并选择命令

❶在制作好的"日常工作安排"文档中将光标定位在空白的单元格中，在"插入"选项卡中单击"图片"按钮；❷在弹出的菜单中选择"来自文件"命令。

2. 选择图片

❶在弹出的"本地文档"对话框中对应的文件夹中选择"图片1"图片；❷单击"打开"按钮。

3. 插入图片

在表格中插入图片，并查看文档效果。

技巧拓展

在插入图片时，用户可以直接将保存在电脑中的图片插入到WPS文档中，也可以插入从扫描仪、手机或在线网站中搜索出来的图片。

3.1.8 调整图片的环绕方式

WPS文字有很多文字环绕方式，默认的是用嵌入式插入图片。但是嵌入式的图片无法进行移动，所以需要更改图片的默认文字环绕，这样才能调整图片的位置，其具体操作步骤如下。

1. 选择命令

❶在制作好的"日常工作安排"文档中选择图片对象，在"表格工具"选项卡中单击"环绕"下三角按钮；❷在弹出的菜单中选择"浮于文字上方"命令。

2. 将图片浮于文字上方

将图片浮于文字上方显示，选择图片对象，将其移动至合适的位置。

技巧拓展

在设置图片的环绕方式时，环绕方式包含有嵌入型、四周型环绕、紧密型环绕、衬于文字下方、浮于文字上方、上下型环绕和穿越型环绕7种，在"环绕"列表框中选择不同的环绕命令，可以将文字图片设置为不同的环绕方式。

3.1.9　图片背景变透明

在WPS文字中也可以像Photoshop一样，将图片的背景变成透明色。使用"设置透明色"功能可以直接将图片的背景变透明，其具体操作步骤如下。

1.选择图片并单击按钮

❶在制作好的"日常工作安排"文档中选择图片对象；❷在"图片工具"选项卡中单击"设置透明色"按钮。

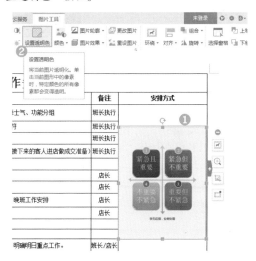

2.设置背景为透明

在图片的黄色背景上单击，即可让图片的背景色变成透明色。

技巧拓展

在WPS文字中，不仅可以将图片的背景设置为透明，也还可以将图片设置灰度或黑白色。选择图片，在"图片工具"选项卡下，单击"颜色"下三角按钮，在弹出的菜单中选择"灰度"命令，可以将图片设置为灰度；选择"黑白"命令，可以将图片设置为黑白照。

3.1.10　随心所欲地裁剪图片

有时插入的图片有多余的区域，则需要使用"裁剪"功能将图片裁剪为任意的尺寸，具体操作步骤如下。

1.选择形状

❶在制作好的"日常工作安排"文档中选择图片对象，在"图片工具"选项卡中单击"裁剪"下三角按钮；❷在弹出的菜单中选择"矩形"按钮。

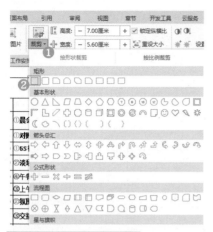

2. 调整矩形裁剪框大小

在图片上显示一个矩形裁剪框，在裁剪框的控制点上单击并拖曳，调整矩形裁剪框的大小。

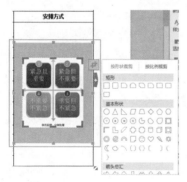

技巧拓展

在裁剪图片时，不仅可以按照形状进行裁剪，也还可以在"裁剪"列表框中，切换至"按比例裁剪"选项卡，选择1：1或3：2等比例选项，即可按照选定比例裁剪图片。

3. 裁剪图片

在"图片工具"选项卡中单击"裁剪"按钮，完成图片的裁剪操作。

4. 调整图片大小和位置

❶选择图片，在"图片工具"选项卡中修改"高度"为6；❷完成图片大小的调整，并将图片移至合适的位置。

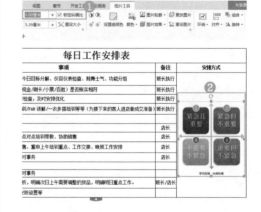

技巧拓展

在调整图片大小时，如果不需要精确调整图片大小，则可以直接选择图片对象，将鼠标移至选择图片的右下角，当鼠标呈黑色双向箭头形状时，单击并拖曳，即可完成图片大小的调整。

3.2 调整与排版——商务合同草案

商务合同是一种通用合同。在商务贸易中，若双方对合同货物无特殊要求的条件下，一般都采用商业合同的内容和形式。商务合同的内容由法律条款所组成，明确规定当事人各方的权利、义务、责任和风险等。完成本例，需在WPS文字中进行为空白文本添加下画线、添加页眉效果、添加页码效果、去除页眉上的横线、添加文档背景、设置起始页从奇数开始、查找和替换删除空行以及双面打印合同文档等操作步骤。

3.2.1 为空白文本添加下画线

在商务合同草案文档中，有打印之后需要填写的区域，通常需要为这些空白区域添加下画线。因此使用"下画线"命令可以快速添加下画线，其具体操作步骤如下。

1. 打开文档

打开相关素材中的"素材\第3章\商务合同草案.docx"文档。

2. 单击按钮

❶按住Ctrl键，在文档的第一页中选择空白区域；❷在"开始"选项卡中单击"下画线"按钮。

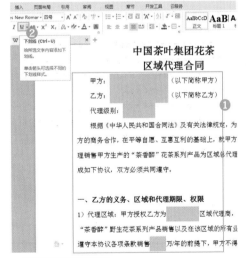

3. 添加下画线

为选择的空白文本区域添加下画线并查看文档效果。

中国茶叶集团花茶
区域代理合同

甲方： _____（以下简称甲方）

乙方： _____（以下简称乙方）

代理级别： _____

根据《中华人民共和国合同法》及有关法律规定，为促进甲乙双方的商务合作，在平等自愿、互惠互利的基础上，就甲方授权乙方代理销售甲方生产的"茶香醉"花茶系列产品为区域总代理商事宜，达成如下协议，双方必须共同遵守。

一、乙方的义务、区域和代理期限、权限

1）代理区域：甲方授权乙方为_____区域代理商，负责甲方的"茶香醉"野生花茶系列产品销售以及在该区域的所有业务，在乙方遵守本协议各项条款销售____万/年的前提下，甲方不得在该区域设

4. 添加下画线

使用同样的方法，依次为其他页的空白文本添加下画线，并查看文档效果。

五、市场支持及奖励

1）乙方在___区域内开设的所有直营及加盟专卖店的宣传喷绘、门头灯箱喷绘等宣传品，根据店面大小及专营程度由甲方部分提供。除此之外，甲方应负责按比例向乙方提供宣传单页、按实际点数量提供海报、宣传册等。

2）乙方在取得大型集团或者团体数量较大的定单时，甲方有义务按照乙方和终端客户要求重新设计个性化软件、外型等，额外费用超过该笔定单成交货款的10%（即10%以内全部由甲方承担）时，超出部分由乙方承担80%，甲方承担20%。

3）双方约定：只要乙方是甲方合格的_____区域代理商，乙方可以在该区域内，目前甲方尚未设定区域代理的任何城市设立和发展销售网点，此类网点一律从乙方提货。

六、保密条款

在添加下画线时，可以单击"下画线"右侧的下三角按钮，将在弹出的菜单中选择下画线线型选项，可以将下画线的线型设置为虚线、波浪线或点化线。选择"下画线颜色"命令，在展开的列表框中，选择不同的颜色即可更改下画线的颜色。

3.2.2 为文档添加页眉效果

页眉显示在每个页面的顶部区域，常用于显示文档的附加信息，可以插入文档标题、名称或公司徽标等内容。在WPS文字中使用"页眉和页脚"功能，可以在文档中添加页眉效果，其具体操作步骤如下。

1. 单击按钮

在"商务合同草案"文档的"插入"选项卡中单击"页眉和页脚"按钮。

5）乙方有权对甲方的工作（销售、市场、广告、服务、出评价和投诉。

6）甲方及时向乙方提供乙方销售区域内的终端意向客户要信息。

7）甲方严格控制跨区域窜货，维护乙方代理商的利益。

8）乙方须积极开拓甲方产品在当地的市场，并逐步提高该地区的市场占有率。

9）乙方应及时向甲方结清货款，甲方按照乙方要求及时

2. 输入文本并设置字体格式

❶弹出页眉和页脚编辑文本框，输入页眉文本；❷并设置字体格式为方正姚体、小四。

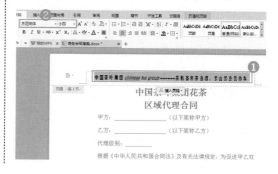

3. 添加页眉

在"页眉和页脚"选项卡中单击"关闭"按钮，完成页眉的添加，并查看文档效果。

中国茶叶集团 chinese tea group------茶散客来茶当酒，云山云去云作车

区域内发展分销商或服务商，或自行建立销售网络；B、销售甲方规定的花茶系列产品。

5）乙方有权对甲方的工作（销售、市场、广告、服务、质量等）做出评价和投诉。

6）甲方及时向乙方提供乙方销售区域内的终端意向客户的询价等重要信息。

7）甲方严格控制跨区域窜货，维护乙方代理商的利益。

8）乙方须积极开拓甲方产品在当地的市场，并逐步提高甲方产品在该地区的市场占有率。

9）乙方应及时同甲方结清货款，甲方按照乙方要求及时供货，并保质保量。

10）乙方不得跨区窜货，甲方会及时通告乙方区域范围代理商情况，

技巧拓展

在页眉中不仅可以输入文本，还可以在"插入"选项卡中使用"图片"命令插入LOGO图片，或者使用"形状"命令在页眉中绘制图形，使文档的页眉更加美观。

3.2.3 为文档添加页码效果

页码与页眉、页脚有关联性，在添加页码时，可以将页码添加到文档的顶部或底部，但页码与保存在页眉和页脚中的信息一样，都呈灰色显示，且不能与文档正文信息同时进行修改，其具体操作步骤如下。

1. 选择页码样式

❶在"商务合同草案"文档中的"插入"选项卡中单击"页码"下三角按钮；❷在弹出的菜单中选择"页脚中间"页码样式。

2. 设置页码文本格式

❶弹出页码编辑文本框，在"开始"选项卡中设置"字号"为"五号"；❷单击"加粗"按钮，设置页码文本格式。

技巧拓展

在添加页码时，页码可以添加在文档页面的页眉左侧、页眉右侧、页脚左侧和页脚右侧等位置上，在"页码"列表框中，选择不同的页码样式图标，可以将页码添加至不同的位置。

3. 选择颜色

❶选择页码文本框，单击"形状填充"按钮；❷在弹出的菜单中选择"白色，背景1，深色25%"颜色。

4. 添加页码

完成页码填充颜色的设置后在"页眉和页脚"选项卡中单击"关闭"按钮，完成页码的添加，并查看文档效果。

二、甲方的职责和义务

1）甲方需要向乙方无偿提供企业以及产品的各种证书如：营业许可执照、国/地税务登记证书（副本）、QS认证、以及其他认证证书复印件等作为备份文件，并对以上证件的合法性、真实性承担一切法律和经济责任，确保为乙方提供完善的售前、售中、售后服务。

2）在代理区域内，则甲方不再在该区域设立第二家代理商，只帮助

技巧拓展

在添加页码时，不仅可以为页码添加形状填充效果，也可以单击"形状轮廓"按钮，在展开的列表框，选择颜色，为页码添加形状轮廓效果。

3.2.4 去除页眉上的横线

在页眉中添加页眉文本后，WPS文字中有时会自动添加一条横线。该横线是WPS文字模板中定义好的，用于给页眉文字加上段落边框，如果不需要页眉横线，则可以将该条页眉横线删除，其具体操作步骤如下。

1. 选择页眉文本

在"商务合同草案"文档中双击页眉区域，弹出页眉编辑文本框，选择页眉文本。

2. 选择命令

❶在"页眉和页脚"选项卡中单击"页眉横线"下三角按钮；❷在弹出的菜单中选择"无线型"命令。

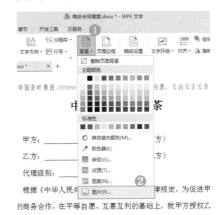

"置"功能可以制作出许多色彩亮丽的文档，使文档在阅读时有一种活泼明快的感觉。添加文档背景的具体操作步骤如下。

1. 选择命令

❶在"商务合同草案"文档中的"页面布局"选项卡中单击"背景"下三角按钮；❷在弹出的菜单中选择"图片"命令。

在"页眉横线"列表框中包含有多种页眉横线样式，选择不同的横线样式，可以得到不同的页眉横线效果。如果需要为页眉横线添加颜色，则可以在"页眉横线"列表框中选择"页眉横线颜色"命令，在展开的列表框中选择不同颜色即可。

3. 去除页眉上的横线

去除页眉上的横线并在"页眉和页脚"选项卡中单击"关闭"按钮，查看去除页眉横线后的文档效果。

中国茶叶集团花茶
区域代理合同

甲方：＿＿＿＿＿＿＿＿＿（以下简称甲方）

乙方：＿＿＿＿＿＿＿＿＿（以下简称乙方）

代理级别：＿＿＿＿＿

根据《中华人民共和国合同法》及有关法律规定，为促进甲乙双方的商务合作，在平等自愿、互惠互利的基础上，就甲方授权乙方代理销售甲方生产的"茶香醇"花茶系列产品为区域总代理商事宜，达成如下协议，双方必须共同遵守。

一、乙方的义务、区域和代理期限、权限

1）代理区域：甲方授权乙方为　　　区域代理商，负责甲方的

在去除页眉横线时，还可以选择页眉文本，然后在"开始"选项卡下单击"边框"下三角按钮，在弹出的菜单中选择"无框线"命令。

3.2.5 添加文档背景

WPS文字单独提供了页面背景设置功能。背景显示在页面底层。使用"背景设

2. 单击按钮

弹出"填充效果"对话框，在"图片"选项卡下单击"选择图片"按钮。

3. 选择图片

❶在弹出的"选择图片"对话框对应的文件夹中选择"图片2"图片；❷单击"打开"按钮。

4. 添加文档背景

返回到"填充效果"对话框，单击"确定"按钮完成文档背景的添加并查看文档效果。

区域代理合同

甲方：＿＿＿＿＿＿＿＿（以下简称甲方）

乙方：＿＿＿＿＿＿＿＿（以下简称乙方）

代理级别：＿＿＿＿＿

　　根据《中华人民共和国合同法》及有关法律规定，为促进甲乙双方的商务合作，在平等自愿、互惠互利的基础上，就甲方授权乙方代理销售甲方生产的"茶香醉"花茶系列产品为区域总代理商事宜，达成如下协议，双方必须共同遵守。

一、乙方的义务、区域和代理期限、权限

1）代理区域：甲方授权乙方为＿＿＿＿＿区域代理商，负责甲方的"茶香醉"野生花茶系列产品销售以及在该区域的所有业务。在乙方遵守本协议各项条款销售＿＿＿＿万/年的前提下，甲方不得在该区域设

技巧拓展

　　在添加文档背景时，如果需要为文档添加纯色背景，可以在"背景"列表框中直接选择颜色；如果需要为文档添加渐变色背景，可以在"背景"列表框中选择"渐变"命令，在弹出对话框的"渐变"选项卡中指定两种颜色和一种渐变效果；如果需要为文档添加纹理背

景，可以在"背景"列表框中选择"纹理"命令，在弹出对话框的"纹理"选项卡中选择纹理样式；如果需要为文档添加图案背景，可以在"背景"列表框中选择"图案"命令，在弹出对话框的"图案"选项卡中选择图案样式。

3.2.6　查找和替换删除空行

　　在编辑与排版商务合同文档时，文档中有很多多余的空行，但是一个一个删除空行，增加了工作量。此时可以使用"查找"和"替换"功能，将文档中多余的空行一次性删除，其具体操作步骤如下。

1. 选择命令

①在"商务合同草案"文档中的"开始"选项卡下单击"查找和替换"下三角按钮；②在弹出的菜单中选择"替换"命令。

2. 选择命令

①在弹出的"查找和替换"对话框的"替换"选项卡中单击"查找内容"文本框；②单击"特殊格式"下三角按钮；③在弹出的菜单中选择"段落标记"命令。

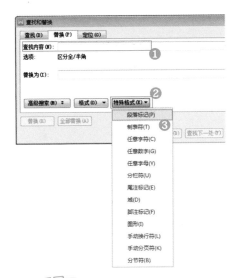

WPS文字中的"查找"和"替换"功能十分强大，不仅可以批量删除空行，也可以在"查找和替换"对话框中，单击"特殊格式"下三角按钮，在弹出的菜单中选择"尾注标记"或"脚注标记"命令，统一删除文档中的脚注和尾注；在"特殊格式"列表框中，选择"制表符"命令，统一删除文档中的制表符；在"特殊格式"列表框中，选择"任意字符""任意数字"或"任意字母"命令，可以统一删除文档中的任意字符、数字和字母；在"特殊格式"列表框中，选择"分栏符"或"分节符"命令，可以统一删除文档中的分栏符和分节符；在"特殊格式"列表框中，选择"图形"命令，可以统一删除文档中的图形对象；在"特殊格式"列表框中，选择"手动换行符"或"手动分页符"命令，可以统一删除文档中的换行符和分页符。

3. 添加标记文本

在"查找内容"文本框中添加"^p"标记文本。

4. 添加标记文本并单击按钮

❶使用同样的方法，在"查找内容"和"替换为"文本框中添加"^p"标记文本；❷单击"全部替换"按钮。

5. 单击按钮

在弹出"WPS文字"提示对话框，提示全部替换完成，单击"确定"按钮。

6. 删除文档空行

完成文档中空行的删除后选择相应的正文文本，设置段落格式，并查看文档效果。

甲方： _____（以下简称甲方）

乙方： _____（以下简称乙方）

代理级别： _____

根据《中华人民共和国合同法》及有关法律规定，为促进甲乙双方的商务合作，在平等自愿、互惠互利的基础上，就甲方授权乙方代理销售甲方生产的"茶香醉"花茶系列产品为区域总代理商事宜，达成如下协议，双方必须共同遵守。

一、乙方的义务、区域和代理期限、权限

1）代理区域：甲方授权乙方为_____区域代理商，负责甲方的"茶香醉"野生花茶系列产品销售以及在该区域的所有业务。在乙方遵守本协议各项条款销售_____万/年的前提下，甲方不得在该区域设立同类或类似的代理商，甲方已设经销商必须移交乙方统一管理。

2）代理产品：甲方授权乙方代理甲方的产品为中国茶叶集团的花茶系列产品。代理费（品牌保证金）为人民币_____万元。

技巧拓展

在WPS文字中，按快捷键Ctrl+H也可以快速弹出"查找和替换"对话框。

3.2.7 设置英文首字母大写

在文档中输入英文字母时，英文的首字母应该是大写。在WPS文字中使用"更改大小写"命令，可以快速更换英文字母的大小写，其具体操作步骤如下。

1. 选择英文文本

在"商务合同草案"文档中双击页眉区域，弹出页眉编辑文本框，选择页眉中的英文文本。

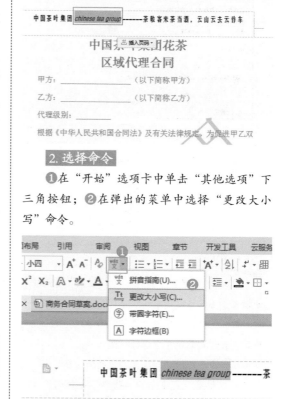

2. 选择命令

❶在"开始"选项卡中单击"其他选项"下三角按钮；❷在弹出的菜单中选择"更改大小写"命令。

3. 选中单选按钮

❶弹出"更改大小写"对话框，选中"词首字母大写"单选按钮；❷单击"确定"按钮。

4. 更改英文字母大写

将英文字母的首字母都设置为大写，关闭页眉和页脚，查看文档效果。

中国茶叶集团 *Chinese Tea Group*　　　茶数客宴茶当遭，云山云去云作车

中国茶叶集团花茶
区域代理合同

甲方：＿＿＿＿＿＿＿＿（以下简称甲方）

乙方：＿＿＿＿＿＿＿＿（以下简称乙方）

代理级别：＿＿＿＿＿

根据《中华人民共和国合同法》及有关法律规定，为促进甲乙双方的商务合作，在平等自愿、互惠互利的基础上，就甲方授权乙方代理销售甲方生产的"茶香醉"花茶系列产品为区域总代理商事宜，达成如下协议，双方必须共同遵守。

一、乙方的义务、区域和代理期限、权限

1）代理区域：甲方授权乙方为＿＿＿＿＿区域代理商，负责甲方的"茶香醉"野生花荼系列产品销售以及在该区域的所有业务。在乙方

技巧拓展

在"更改大小写"对话框中，包含了多种英文字母大小写的更改选项；选中"句首字母大写"单选按钮，则可以将整句英文的首字母设置为大写；选中"小写"单选按钮，则可以将所有英文字母设置为小写；选中"大写"单选按钮，则可以将所有英文字母设置为大写；选中"切换大小写"单选按钮，则可以将大写的英文字母更改为小写，或者是将小写的英文字母更改为大写；选中"词首字母大写"单选按钮，则可以将整句英文中每个英文单词的第一个字母更改为大写。

3.2.8　设置起始页从奇数开始

在制作商务合同文档时，为了排版好看，有时需要将合同文档内的内容根据章节设置，使其每章都从奇数页开始。此时，可以使用"页码"功能将其他章节的内容设置为奇数页开始，其具体操作步骤如下。

1. 选择命令

❶在"商务合同草案"文档中单击"WPS文字"下三角按钮；❷在弹出的菜单中选择"文件"命令；❸在弹出的子菜单中选择"打开"命令。

2. 选择文档

❶弹出"打开"对话框，在相关素材中的"素材\第3章"文件夹中选择"商务合同附录"文档；❷单击"打开"按钮。

技巧拓展

打开文档的方法有多种，按快捷键Ctrl+O，或者单击"WPS文字"按钮，在弹出的菜单中选择"打开"命令，或者在快速访问工具栏中单击"打开"按钮，都将弹出"打开"对话框，选择需要打开的文档，单击"打开"按钮，即可打开文档。

3. 打开文档并选择命令

❶打开文档，在"插入"选项卡中单击"页码"下三角按钮；❷在弹出的菜单中选择"页码"命令。

4. 输入页码参数

❶在弹出的"页码"对话框的"页码编号"选项区中选中"起始页码"单选按钮，输入奇数7；❷单击"确定"按钮。

技巧拓展

在设置页码时，如果需要为页码包含章节号，可以在"页码"对话框中选中"包含章节号"复选框。

5. 将起始页设置为奇数开始

将文档的起始页设置为从奇数开始并查看文档效果。

3.2.9 分栏文档的最后两栏保持水平

在制作商务合同草案时，需要将文档最后的签名进行分栏排版。在分栏排版文档时经常会出现文档末尾不对齐的现象，使得文档排版很不美观，此时可以调整文档排版，使分栏文档的最后两栏保持水平，其具体操作步骤如下。

1. 选择落款文本

在"商务合同草案"文档中选择末尾页的落款文本。

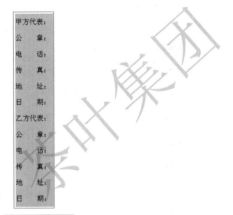

2. 选择命令

❶在"页面布局"选项卡中单击"分栏"下三角按钮；❷在弹出的菜单中选择"更多分栏"命令。

3. 设置参数值

❶弹出"分栏"对话框，单击"两栏"图标；❷选中"栏宽相等"复选框；❸单击"确定"按钮。

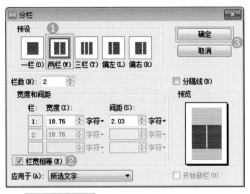

4. 分栏文档

完成文档的分栏操作并在选择文本的上方显示分节符，但是最后两栏的文本没有保持水平，显示段落标记，查看文档效果。

技巧拓展

分栏排版文档时，有多种分栏排版方式，选择不同的分栏图标，可以得到不同的文档分栏效果。

5. 选择命令

❶将光标定位在最后一行文本的末尾处，在"页面布局"选项卡下单击"分隔符"下三角按钮；❷在弹出的菜单中选择"连续分节符"命令。

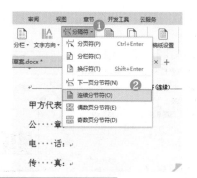

6. 保持最后两栏水平

将分栏排版文档后的最后两栏保持水平并查看文档效果。

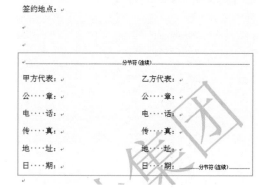

技巧拓展

在添加分隔符时，在"分隔符"列表框中选择不同的命令，可以添加不同的分隔符效果。

3.2.10 双面打印合同文档

完成商务合同文稿的制作后，需要将合同打印出来，为了节省纸张，可以对文档进行双面打印。其具体操作步骤如下。

1. 选择命令

❶在"商务合同草案"文档中单击"WPS文字"按钮；❷在弹出的菜单中选择"打印"命令；❸在弹出的子菜单中选择"打印"命令。

2. 打印奇数页文档

❶弹出"打印"对话框，选择好打印机；❷选中"页码范围"单选按钮，输入奇数页页码；❸设置"份数"为2，单击"确定"按钮即可打印奇数页文档。

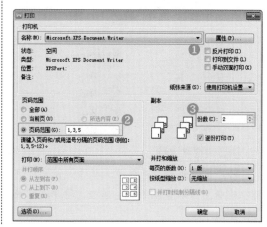

3. 打印偶数页文档

在"商务合同草案"文档中单击"WPS文字"按钮，在弹出的菜单中选择"打印"命令，在弹出的子菜单中选择"打印"命令；❶弹出"打印"对话框，选择好打印机；❷选中"页码范围"单选按钮，输入偶数页页码；❸设置"份数"为2，单击"确定"按钮，即可打印偶数页文档。

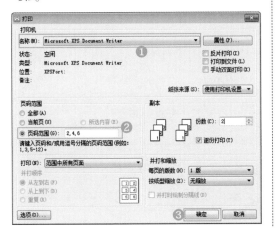

技巧拓展

在进行双面打印时，可以进行手动双面打印，在"打印"对话框中选中"手动双面打印"复选框即可。

第4章

04

WPS文字高级应用

　　使用WPS文字的高级应用功能十分重要，使用高级功能可以为文档套用模板与样式、生成目录、添加题注和水印，还可以使用"设计模式"在文档中制作单选题和多选题，也可以使用"加密"功能保护文档的安全性。使用WPS文字可以快速实现文档的高级编辑操作，本章通过员工学习手册和心理调查报告两个实操案例来介绍WPS 文字的高级应用。

技能概要

套用样式 —— 创建目录 —— 插入题注 —— 添加水印 —— 制作选题 —— 加密文档

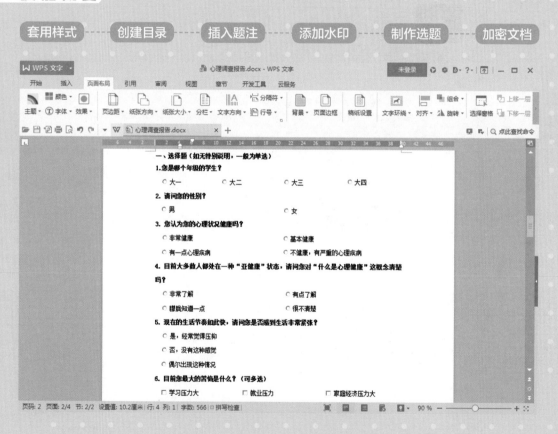

4.1 模板与样式——员工手册

员工手册主要是企业内部的人事制度管理规范，是有效的管理工具，其作用在于展示企业形象和传播企业文化。全面覆盖了企业在人力资源管理各个方面的规章制度内容。完成本例，需在WPS文字中进行模板样式的创建与套用、模板文件的生成技巧、使用标题样式创建目录、目录自动更新、使用目录快速定位内容、去除目录生成时的底纹、为图片或图表插入题注、添加水印效果以及导出为PDF格式等操作步骤。

4.1.1 模板样式的创建与套用

在制作"员工手册"文档时，文档中的内容的格式要规范化，因此每个级别的文档都要用模板样式，才能使文档中的文本格式统一。模板样式规定了文档中标题、题注以及正文等各个文本元素的形式。其具体操作步骤如下。

1. 打开文档

单击快速访问工具栏中的"打开"按钮，打开相关素材中的"素材\第4章\员工手册.docx"文档。

2. 选择命令

❶在"开始"选项卡中单击"新样式"下三角按钮；❷在弹出的菜单中选择"新样式"命令。

3. 设置参数值

❶在弹出的"新建样式"对话框中修改"名称"为"标题样式1"；❷设置"样式基于"为"标题1"；❸设置"格式"为"宋体""小三"并单击"加粗"按钮。

4. 选择命令

❶在对话框底部单击"格式"下三角按钮；
❷在弹出的菜单中选择"段落"命令。

5. 设置参数值

❶在弹出的"段落"对话框中设置"大纲级别"为"1级"；❷在"缩进"选项区中设置"特殊格式"为"悬挂缩进"，"度量值"为2；❸在"间距"选项区中设置"段前"为5、"行距"为"多倍行距"、"设置值"为1.15。

6. 选择标题文本和样式

依次单击"确定"按钮完成"标题样式1"样式的创建，在文档中选择第1页中的标题文本，在"开始"选项卡的"样式"列表框中选择"标题样式1"样式。

7. 套用"标题样式1"样式

为选择的标题文本套用"标题样式1"样式并查看文档效果。

8. 套用"标题样式1"样式

使用同样的方法，依次选择其他页中的标题文本，为其套用"标题样式1"样式。

9. 设置参数值

❶选择"新样式"命令，弹出"新建样式"对话框，修改"名称"为"标题样式2"；❷设置"格式"为"宋体""小四"并单击"加粗"按钮。

10. 设置参数值

单击"格式"下三角按钮，在弹出的菜单中选择"段落"命令，弹出"段落"对话框，在"间距"选项区中，设置"段前"为5、"段后"为10、"行距"为"多倍行距"、"设置值"为1.15。

11. 套用"标题样式2"样式

依次单击"确定"按钮完成"标题样式2"样式的创建，在文档中依次选择相应的文本，为其套用"标题样式2"样式并查看文档效果。

2、基本行为规范

（1）遵守国家法律、法规，遵守本公司的各项规章制度及所属各部门的管理实施细则。

（2）忠于职守，保障公司利益，维护公司形象，不断提高个人道德修养和文化修养，以积极态度对待工作，养成良好的工作作风。

（3）爱护公司财产，爱护各种办公用具、生产设施、设备，严守公司各项秘密。不滥用公司名义对外进行授权，不得向媒体透露公司的任何动向和资料。

（4）未经授权，不得违纪索取、收受及提供利益、报酬。

（5）未经批准，不得私自向外借用。

（6）工作场所讲普通话，不得大声喧哗，影响他人办公。工作场所称呼领导，不得直呼其名，应呼领导职务。

（7）提倡礼貌用语，早晨与同事第一次相见应打招呼"您早"或"您好"，下班互道"您辛苦了"。

（8）接待来访人员应彬彬有礼，热情大方，对方进门应说"请进"，如工作暂停起立并说"请稍等"，时间过长，应道"对不起，让您久等了"。到其他办公室应先敲门，征得同意后方可进去，离开时随手关门，导道面来时应主动让路。

（9）商务活动中时刻注意自己的言谈、举止，保持良好形态、用语礼貌，语调通畅。

（10）出席会议必须准时，因故不能按时到会或不能到会者，应提前1小时内，向会议主持人请假。

（11）出席会议应遵守秩序，关闭通讯工具（手机等），不喧哗、不窃窃私语，保持会场清洁，会议结束离场时带走私人物品。

（12）与会人员，认真领会会议精神，做好会议记录，同时对会议决议要无条件服从和执行。

（13）外出乘车，下级应坐在司机右侧，上下车时应先为领导开车门，后上先下；行走时，应落后领导半步，导道面来时应主动让路。

（14）办公环境干净整洁、室内物品、办公用品、桌面摆放整齐有序，不得杂乱无章，下班前放置妥当无遗失、泄露。

12. 选择命令

在"开始"选项卡的"样式"列表框中选择"列出段落"样式，右击，打开快捷菜单，选择"修改样式"命令。

13. 选择"段落"命令

❶弹出"修改样式"对话框，保持默认参数设置，单击"格式"下三角按钮；❷在弹出的菜单中选择"段落"命令。

14. 设置参数值

❶弹出"段落"对话框,设置"段后"为10;❷设置"行距"为"多倍行距"、"设置值"参数为1.15。

15. 自动套用"列出段落"样式

依次单击"确定"按钮完成"列出段落"样式的修改,文档中的正文文本自动套用"列出段落"样式并查看文档效果。

技巧拓展

在创建与修改模板样式时,还可以单击"WPS文字"右侧下三角按钮,在下拉菜单中选择"样式和格式"命令,打开"样式和格式"窗口,在窗口中可以对模板样式进行创建和修改操作。

4.1.2 模板文件的生成技巧

在WPS文字中完成模板样式的制作与编辑后,如果以后其他文档需要调用该模板样式,则可以使用"另存为"功能,将文档保存为模板,方便以后调用。其具体的操作步骤如下。

1. 选择命令

❶在"员工手册"文档中单击"WPS文字"按钮;❷在弹出的菜单中选择"另存为"命令;❸在弹出的子菜单中选择"WPS文字 模板文件(*.wpt)"命令。

2. 设置保存参数

❶弹出"另存为"对话框,设置"文件名"为"员工手册";❷设置好模板的保存路径;❸单击"保存"按钮,完成模板文件的生成。

在保存模板文件时，最好将模板文件保存在WPS软件的安装路径中，这样才能便于以后调用。

3. 选择命令

❶单击"WPS文字"按钮；❷在弹出的菜单中选择"新建"命令；❸在弹出的子菜单中选择"本机上的模板"命令。

4. 选择模板

❶弹出"模板"对话框，在列表框中选择"员工手册"模板；❷单击"确定"按钮即可通过选择的模板新建文档，并在新创建的文档中输入其他文本内容。

在"模板"对话框中选择模板后，可以选中"设为默认模板"复选框，将选择的模板设置为默认模板。

4.1.3 使用标题样式创建目录

"员工手册"文档在正文开始之前都有目录，方便用户通过目录来了解员工手册的正文主题和主要内容，并且可以快速定位到某个标题。使用"目录"功能，可以在文档中插入手动目录和自动目录。其具体操作步骤如下。

1. 选择命令

❶在制作好的"员工手册"文档中将光标定位在"目录"文本下，在"引用"选项卡下单击"目录"下三角按钮；❷在弹出的菜单中选择"自定义目录"命令。

2.设置目录参数

❶弹出"目录"对话框,设置"显示级别"为1;❷取消选中"显示页码"复选框;❸单击"确定"按钮。

技巧拓展

在创建目录时,如果需要为目录显示页码,可以在"目录"对话框中选中"显示页码"复选框。

3.创建目录

在"目录"文本下将创建目录,并查看文档效果。

技巧拓展

创建目录后,如果对创建的目录不满意,需要重新创建目录,可以在"目录"列表框中选择"删除目录"命令。

4.1.4 目录自动更新

在编辑"员工手册"文档时,如果文档中的标题发生了变化,可以使用"更新目录"功能对目录进行更新。其具体操作步骤如下。

1.选择目录并选择命令

在制作好的"员工手册"文档中修改最后一个标题文本为"员工福利待遇",选择已生成的目录,右击,打开快捷菜单,选择"更新域"命令。

2.自动更新目录

自动更新目录且目录中最后一行文本将自动更新成修改后的目录文本,查看文档效果。

4.1.5 使用目录快速定位内容

在完成目录的创建后，可以在按Ctrl键的同时，单击目录链接，快速定位至所选择的目录标题内容，其具体操作步骤如下。

1. 指定目录文本

在制作好的"员工手册"文档中，按住Ctrl键的同时将鼠标移至需要定位内容的目录文本上，目录文本上显示指示手指。

2. 定位文本内容

在目录文本上单击即可快速定位在对应的文档页面中，查看定位的文档内容。

4.1.6 去除目录生成时产生的底纹

在"员工手册"文档中创建目录后，目录中会自动显示底纹。此时可以设置"域底纹"功能，将目录中的底纹取消显示。其具体操作步骤如下。

1. 选择命令

①在制作好的"员工手册"文档中单击"WPS文字"按钮；②在弹出的菜单中选择"选项"命令。

2. 设置域底纹参数

①弹出"选项"对话框，在左侧列表框中选择"视图"选项；②在右侧的列表框中设置"域底纹"为"不显示"；③单击"确定"按钮。

如果需要显示目录文本的底纹，可以在"选项"对话框中的"域底纹"列表框中选择"始终显示"命令，可以一直显示目录文本的底纹；选择"选取时显示"命令，可以在选择目录文本时显示文本底纹。

3. 取消目录底纹显示

取消目录中的底纹显示，选择目录文本，在"开始"选项卡下设置字体格式为"宋体""小四""加粗"，查看文档效果。

4.1.7　为图片或图表插入题注

题注是加在图片、表格或其他对象中的标签编号，起到编排图片和表格的作用。在WPS

文字中，使用"题注"功能，可以快速为图片或表格添加题注。其具体操作步骤如下。

1. 选择图片并单击按钮

❶在制作好的"员工手册"文档中选择第4页文档中的图片对象；❷在"引用"选项卡下，单击"题注"按钮。

2. 单击按钮

在弹出"题注"的对话框中单击"新建标签"按钮。

在选择图片对象后，右击，打开快捷菜单，选择"题注"命令也可以快速弹出"题注"对话框。

3. 输入标签名称

❶在弹出的"新建标签"对话框的"标签"文本框中输入"图"；❷单击"确定"按钮。

4. 添加题注

返回到"题注"对话框，显示出题注，在题注后输入注释文本并设置题注文本的字号为"五号"，单击"确定"按钮。

技巧拓展

在插入题注时，如果需要题注带章节编号，可以在"题注"对话框中单击"编号"按钮，在弹出的"题注编号"对话框中选中"包含章节编号"复选框。

4.1.8　题注与交叉引用的妙用

在"员工手册"文档中插入题注后，需要使用"交叉引用"功能，将题注引用到正文中，其具体操作步骤如下。

1. 定位光标并单击按钮

❶在制作好的"员工手册"文档中将光标定位在相应的文本之间；❷在"引用"选项卡下单击"交叉引用"按钮。

2. 设置引用参数

❶在弹出的"交叉引用"对话框的"引用类型"列表框中选择"图"选项；❷在"引用内容"列表框中选择"只有标签和编号"选项；❸单击"插入"按钮。

技巧拓展

交叉引用是对WPS文档中其他位置内容的引用，例如，可为标题、脚注、书签、题注或编号段落等创建交叉引用。创建交叉引用之后，可以改变交叉引用的引用内容。在交叉引用数据时，在"引用类型"列表框中需要选择"编号项""标题""书签"等选项，才能引用编号项、标题和书签等内容。

3. 交叉引用题注

在文档中交叉引用题注并设置交叉引用后文本的字体格式，查看文档效果。

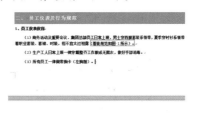

4.1.9 添加水印效果

使用WPS文字中的"水印"功能,可以在文档中将公司名称和标注作为水印添加,添加水印后,文档中的每一页纸中都显示了公司标志。其具体操作步骤如下。

1.选择命令

❶在制作好的"员工手册"文档中的"插入"选项卡中单击"水印"下三角按钮;❷在弹出的菜单中选择"插入水印"命令。

2.选中复选框并单击按钮

❶在弹出的"水印"对话框中选中"图片水印"复选框;❷单击"选择图片"按钮。

技巧拓展

在添加水印效果时,可以直接在"水印"列表框中选择自带的水印样式直接添加水印效果。

3.选择图片

❶弹出"选择图片"对话框,在配套素材中的"素材\第4章"文件夹中,选择"LOGO图片"图片;❷单击"打开"按钮。

4.设置参数值

❶返回到"水印"对话框完成图片水印的添加,并设置"缩放"为50%;❷单击"确定"按钮。

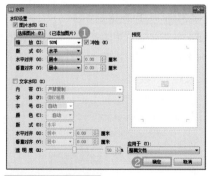

5.添加水印效果

为文档添加水印效果并查看文档效果。

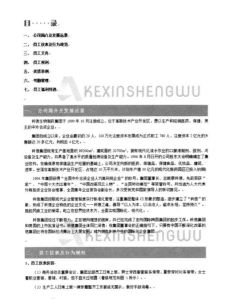

2.设置文件保存路径

弹出"输出PDF文件"对话框,在"常规"选项卡中设置好PDF文件的保存路径。

技巧拓展

在WPS文字中,不仅可以将文档输出为PDF文件,也可以在"WPS文字"列表框中选择"输出为图片"命令,将文档输出为图片对象。

3.设置输出权限

①切换至"权限设置"选项卡,选中"权限设置(使以下权限设置生效)"复选框;②设置

技巧拓展

在添加水印效果后,如果需要删除水印效果,可以在"水印"列表框中选择"删除文档中的水印"命令。

4.1.10 导出为PDF格式

完成"员工手册"文档的制作后,可以将文档导出为PDF格式,方便其他没有安装WPS办公软件的员工阅读。PDF文件不管是在Windows,Unix还是在苹果公司的Mac OS操作系统中都是通用的,都可以进行查看。具体操作步骤如下。

1.选择命令

①在制作好的"员工手册"文档中单击"WPS文字"按钮;②在弹出的菜单中选择"输出为PDF"命令。

权限密码和文件打开密码；❸单击"确定"按钮。

❸单击"确定"按钮。

"导出完成"信息，单击"打开文件"按钮。

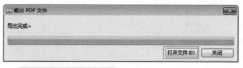

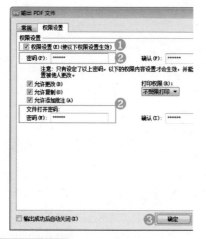

5. 阅览PDF文档

弹出"文件打开"对话框，提示输入密码，输入正确的密码后，即可使用PDF软件打开PDF文档进行阅读。

4. 单击按钮

弹出"输出为PDF文件"对话框，开始将文档导出为PDF文件并显示导出进度，稍后将显示

4.2 特殊与加密——心理调查报告

心理调查报告是用于调查每个大学生心理健康情况所制定的一种问卷调查文档。通过心理调查报告可以针对大学生心理状况，进行深入细致地调查研究，并将调查研究的结果总结出来。完成本例，需在WPS文字中进行单选题制作、制作复选题、表格文本的转换与编辑、制作提交按钮控件、暂时隐藏部分内容、启动隐私屏保、为文档进行加密

和制作文档封面等操作步骤。

4.2.1 制作单选题

单选题是指对于给定的答案中有且只有一个标准答案。在制作心理调查报告文档时，需要使用"选项按钮"控件制作出单选题，其具体操作步骤如下。

1. 打开文档

单击快速访问工具栏中的"打开"按钮，打开相关素材中的"素材\第4章\心理调查报告.docx"文档。

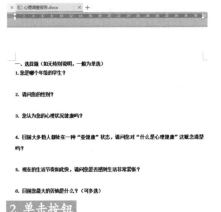

2. 单击按钮

❶将光标定位在相应的文本位置，在"开发工具"选项卡下单击"旧式工具"下三角按钮；❷在弹出的菜单中单击"选项按钮"按钮。

3. 绘制选项按钮

在文档中单击并拖曳，绘制一个选项按钮。

4. 选择命令

❶在选项按钮上右击，在打开的快捷菜单中选择"选项按钮对象"命令；❷在弹出的子菜单中选择"编辑"命令。

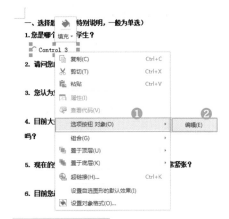

5. 输入按钮名称

弹出文本输入框，输入按钮名称"大一"并调整选项按钮框的大小。

6. 复制并修改选项按钮

选择新绘制的选项按钮，对其进行复制粘贴操作，并依次修改选项按钮的名称，并查看文档效果。

17. 您会采取何种方式应对压力？

　　○ 转移（心里不快时娱乐、游戏、读书）

　　○ 发泄（哭、倾诉、写信、日记）

　　○ 压抑（喝酒、睡觉、假装高兴）

　　○ 顺其自然，让它自然调整

18. 经过这么长久的大学生活，您对自己目前的大学生活觉得满意吗？

　　○ 满意　　　○ 不满意　　　○ 没感觉

19. 目前的大学生活与您想像中的大学生活有差距吗？

　　○ 有，差距很大　　　○ 有，但差距不大

　　○ 没有，感觉一般　　　○ 没有，和想象的一样

20. 您所读的大学是否有设立大学生心理诸询中心？

　　○ 有　　　○ 没有　　　○ 正在建立或者完善之中

21. 您是否认为向心理诸询中心这类地方诸询自己的心理问题，是一件丢脸的事情？

　　○ 是　　　○ 不是　　　○ 无所谓，没想过

22. 您认为学校在注重学生成绩的同时是否应该更加注重学生的心理健康？

　　○ 应该　　　○ 不应该　　　○ 没意见

23. 您认为学校是否有必要多开展"挫折教育"，培养大学生应变挫折的能力？

　　○ 有必要　　　○ 没必要　　　○ 没意见

4.2.2　制作复选题

　　在"心理调查报告"文档中，制作复选题可以用于多选题的选择。在WPS文字中使用"复选框"功能可以制作出复选题，其具体操作步骤如下。

1. 单击按钮

　　❶在"心理调查报告"文档中定位光标，单击"旧式工具"下三角按钮；❷在弹出的菜单中单击"复选框"按钮。

　　○ 有点了解

　　○ 很不清楚

2. 绘制复选框

　　在文档中单击并拖曳，绘制一个复选框。

5. 现在的生活节奏如此快，请问您是否感到生活非常

　　○ 是，经常觉得压抑

　　○ 否，没有这种感觉

　　○ 偶尔出现这种情况

6. 目前您最大的苦恼是什么？（可多选）

7. 在您现在的生活中，经常出现下列哪种情绪？（可多

3. 选择命令

　　❶在复选框上右击，打开快捷菜单，选择"复选框对象"命令；❷在弹出的子菜单中选择"编辑"命令。

4. 绘制复选框

　　弹出文本输入框，输入复选框名称"学习压力大"并调整复选框按钮框的大小。

6. 目前您最大的苦恼是什么？（可多选）

　　学习压力大

7. 在您现在的生活中，经常出现下列哪种情绪？（可多选）

8. 您认为造成大学生心理偏差的原因有哪些？（可多选）

9. 您对生命的理解是什么？

　　○ 生命只有一次，应该好好珍惜　　○ 生无可恋，不如死了干净

　　○ 生命的意义在于获得他人的承认　　○ 人应该为自己而活

10. 您是否有过轻生的念头？

　　○ 偶尔有　　　○ 经常有　　　○ 从来不会

11. 您身边有没有发生过学生轻生的事件？

　　○ 有，而且经常发生

5.复制复选框

选择新绘制的复选框按钮，对其进行复制粘贴操作，依次修改复选框按钮的名称并查看文档效果。

○ 偶尔出现这种情况

6. 目前您最大的苦恼是什么？（可多选）

☐ 学习压力大　　☐ 就业压力　　☐ 家庭经济压力大

☐ 人际关系紧张　☐ 其他

7. 在您现在的生活中，经常出现下列哪种情绪？（可多选）

☐ 郁闷　　　☐ 抑郁　　　☐ 焦虑　　　☐ 敌对情绪

☐ 愉快　　　☐ 充满希望　☐ 其他

8. 您认为造成大学生心理偏差的原因有哪些？（可多选）

☐ 学习压力大　　　　　　☐ 对自己的专业不满意

☐ 家庭条件比别人差　　　☐ 失恋

☐ 毕业后找不到工作　　　☐ 人际关系失败

☑ 四级（二级）没过拿不到毕业证　☐ 其他

9. 您对生命的理解是什么？

○ 生命只有一次，应该好好珍惜　　○ 生无可恋，不如死了干净

○ 生命的意义在于获得他人的承认　○ 人应该为自己而活

12. 您认为轻生的大学生存在以下哪种问题？（可多选）

☐ 缺乏社会责任感

☐ 不能真正理解"死亡"究竟意味着什么

☐ 心理承受挫折能力差

☐ 适应能力差

☐ 缺少对人生价值观的认识

13. 当您意识到自己心理有偏差时会怎样做？（可多选）

☐ 自己沉默不语　　　☐ 和家人倾诉　　　☐ 找朋友同学聊天

☐ 找老师谈话　　　　☐ 上网找陌生人倾诉

☐ 主动进行心理咨询　☐ 自暴自弃

14. 您认为自己在人与人间的沟通交往上有存在障碍吗？

○ 有很大障碍　　　　○ 有时有障碍

○ 比较少　　　　　　○ 无，畅所欲言

4.2.3　表格文本的转换与编辑

在"心理调查报告"文档中制作好单选题和复选题后，为了对各个题目更好地排版，需要使用"文本转换成表格"命令，将文本转换成表格进行排版，且可以使用"边框"命令，将表格的边框效果取消显示，使得文档排版更加美观。表格文本的转换与编辑的具体操作步骤如下。

1.选择命令

❶ 在"心理调查报告"文档中选择第一行题目文本，在"插入"选项卡中单击"表格"下三角按钮；❷ 在弹出的菜单中选择"文本转换成表格"命令。

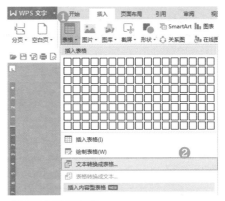

2.设置参数值

❶ 弹出"将文字转换成表格"对话框，修改"列数"参数为4；❷ 单击"确定"按钮。

技巧拓展

在将文本转换成表格时，可以将段落标记、逗号、空格、制表符和其他字符作为表格文本的分隔位置。

3. 将题目文本转换为表格

将选择的文本转换为表格，然后依次将单选题移动至表格中的合适位置。

一、选择题（如无特别说明，一般为单选）

1.您是哪个年级的学生？

○ 大一	○ 大二	○ 大三	○ 大四

2. 请问您的性别？

○ 男	○ 女

3. 您认为您的心理状况健康吗？

○ 非常健康　　　　　　　　　○ 基本健康

○ 有一点心理疾病　　　　　　○ 不健康，有严重的心理疾病

4. 目前大多数人都处在一种"亚健康"状态，请问您对"什么是心理健康"吗？

4. 将其他题目文本转换为表格

使用同样的方法，依次选择其他的单选题和复选题文本，将其转换为表格并依次调整各题目文本的位置。

一、选择题（如无特别说明，一般为单选）

1.您是哪个年级的学生？

○ 大一	○ 大二	○ 大三	○ 大四

2. 请问您的性别？

○ 男	○ 女

3. 您认为您的心理状况健康吗？

○ 非常健康	○ 基本健康
○ 有一点心理疾病	○ 不健康，有严重的心理疾病

4. 目前大多数人都处在一种"亚健康"状态，请问您对"什么是心理健康"这概念清楚吗？

○ 非常了解	○ 有点了解
○ 朦胧知道一点	○ 很不清楚

5. 现在的生活节奏如此快，请问您是否感到生活非常紧张？

○ 是，经常觉得压抑
○ 否，没有这种感觉
○ 偶尔出现这种情况

6. 目前您最大的苦恼是什么？（可多选）

5. 选择命令

❶选择文档中的第一个表格对象，在"开始"选项卡下，单击"边框"下三角按钮；❷在弹出的菜单中选择"无框线"命令。

6. 取消表格边框显示

取消表格的边框显示并查看文档效果。

一、选择题（如无特别说明，一般为单选）

1.您是哪个年级的学生？

○ 大一	○ 大二	○ 大三	○ 大四

2. 请问您的性别？

○ 男	○ 女

3. 您认为您的心理状况健康吗？

○ 非常健康	○ 基本健康
○ 有一点心理疾病	○ 不健康，有严重的心理疾病

4. 目前大多数人都处在一种"亚健康"状态，请问您对"什么是心理健康"这概念清楚吗？

○ 非常了解	○ 有点了解
○ 朦胧知道一点	○ 很不清楚

7. 取消表格边框

使用同样的方法，依次将文档中的其他表格的边框设置为"无框线"并查看文档效果。

13. 当您意识到自己心理有偏差时会怎样做？（多选）

□ 自己沉默不语　　□ 和家人倾诉　　□ 找朋友同学聊天

□ 找老师谈话　　□ 上网找陌生人倾诉

□ 主动进行心理咨询　　□ 自暴自弃

14. 您认为自己在人与人间的内通交往上有存在障碍吗？

○ 有很大障碍　　　　　　　○ 有时有障碍

○ 比较少　　　　　　　　　○ 无，畅所欲言

15. 如果您在学习过程中出现学习效率低下的情况，您会觉得心烦气躁吗？

○ 经常会　　○ 有时会　　○ 从来不会　　○ 偶尔会

16. 当您遇到压力时，您最先会向谁求助？

○ 家人　　○ 亲友　　○ 知心朋友　　○ 专业咨询人员

17. 您会采取何种方式应对压力？

○ 转移（心里不快时娱乐、游戏、读书）

○ 发泄（哭、倾诉、写信、写日记）

○ 压抑（喝酒、睡觉、佯装高兴）

○ 顺其自然，让自然调整

18. 经过这么长久的大学生活，您对自己目前的大学生活觉得满意吗？

○ 满意　　○ 不满意　　○ 没感觉

19. 目前的大学生活与您想象中的大学生活有差距吗？
   ○ 有，差距很大   ○ 有，但差距不大
   ○ 没有，感觉一般   ○ 没有，和想象的一样

20. 您所读的大学是否有设立大学生心理咨询中心？
   ○ 有   ○ 没有   ○ 正在建立或者完善之中

21. 您是否认为向心理咨询中心这类地方咨询自己的心理问题，是一件丢脸的事情？
   ○ 是   ○ 不是   ○ 无所谓，没想过

22. 您认为学校在注重学生成绩的同时是否应该更加注重学生的心理健康？
   ○ 应该   ○ 不应该   ○ 没意见

23. 您认为学校是否有必要开展"挫折教育"，培养大学生抗挫折的能力？
   ○ 有必要   ○ 没必要   ○ 没意见

二、简答题

您认为大学生应该如何培养健康的心理？或者说学校应给予怎么样的帮助？

　　学校应该正确教育学生的思想行为，教育学生树立正确的世界观、人生观与价值观，正确理解生命的意义，积极参与各种关于心理健康的活动，要不断加强对青年大学生的适应性、承受力、调控力、意志力、思维力、创造力以及自信心等心理素质的教育与培养。

技巧拓展

　　在WPS文字中，不仅可以将文本转换成表格，还可以使用"表格转换成文本"命令将表格转换成文本对象。

4.2.4 制作提交按钮控件

　　在制作"心理调查报告"文档时，还需要在文档的末尾处制作一个提交按钮才能提交单选题和复选题等题目的答案。其具体操作步骤如下。

1. 单击按钮

　　❶在"心理调查报告"文档中，在"开发工具"选项卡下单击"旧式工具"下三角按钮；❷在弹出的菜单中单击"命令按钮"按钮。

2. 绘制命令按钮

　　在文档的末尾处单击并拖曳，绘制一个命令按钮。

二、简答题

您认为大学生应该如何培养健康的心理？或者说学校应给予怎么样的帮助？

　　学校应该正确教育学生的思想行为，教育学生树立正确的世界观、人生观与价值观，正确理解生命的意义，积极参与各种关于心理健康的活动，要不断加强对青年大学生的适应性、承受力、调控力、意志力、思维力、创造力以及自信心等心理素质的教育与培养。

——感谢您的参与

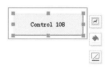

3. 选择命令

　　❶在命令按钮上右击，打开快捷菜单，选择"命令按钮对象"命令；❷在弹出的菜单中选择"编辑"命令。

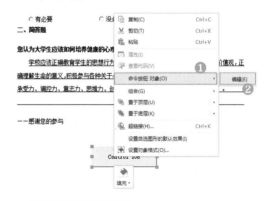

4. 编辑命令按钮

　　弹出文本输入框，输入按钮名称"提交"，调整按钮的大小和位置并查看文档效果。

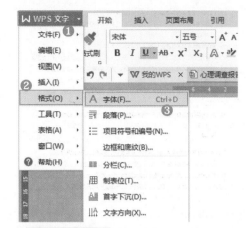

4.2.5 暂时隐藏部分内容

在制作"心理调查报告"文档时，有些题目给出了答案。为了避免答题的用户看到答案，可以将答案部分暂时隐藏起来。其具体操作步骤如下。

1. 选择文本内容

在"心理调查报告"文档中选择需要隐藏的文本内容。

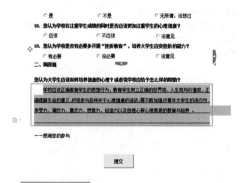

2. 选择命令

❶单击"WPS文字"右侧的下三角按钮；❷在弹出的菜单中选择"格式"命令；❸在弹出的子菜单中选择"字体"命令。

3. 选中复选框

❶弹出"字体"对话框，在"效果"选项区中选中"隐藏文字"复选框；❷单击"确定"按钮。

4. 隐藏部分文本内容

隐藏文档中的部分文本内容并查看文档效果。

在开启了隐私屏保后，如果需要退出文档的屏保状态，可以按Esc键。

4.2.7 为文档进行加密

为了保护文档的内容，防止其他用户进行修改和编辑，可以使用"文档加密"功能加密文档，其具体操作步骤如下。

1. 选择命令

❶在"心理调查报告"文档中单击"WPS文字"按钮；❷在弹出的菜单中选择"文档加密"命令；❸在弹出的子菜单中选择"密码加密"命令。

隐藏文本内容后，如果需要再显示隐藏的部分，可以在"字体"对话框的"效果"选项区中，取消选中"隐藏文字"复选框。

4.2.6 启动隐私屏保

为了保护"心理调查报告"文档的隐私，以防止被其他用户看到，可以为文档启动隐私屏保，保护文档。其具体操作步骤如下。

1. 单击按钮

在"心理调查报告"文档中单击"启动隐私屏保"按钮。

2. 启动隐私屏保

启动隐私屏保并在桌面上显示屏幕保护图片。

2. 输入密码

❶弹出"文档加密"对话框，在"编辑权限"选项区中依次在"编辑文件密码"和"再次输入密码"文本框中输入密码；❷单击"应用"按钮。

×

密码保护，点击 高级 选择不同的加密类型

❶

编辑权限：

编辑文件密码：●●●●●● ●

再次输入密码：●●●●●● ●

❷

应用

3. 加密文档

弹出提示对话框，提示文档加密已设置完成信息，单击"确定"按钮完成文档的加密操作。

不同级别的密码保护，点击 高级 选择不同的加密类型

编辑权限：

⊘ 设置完成

确定

●●●●●●

●●●●●●

技巧拓展

在加密文档时，不仅可以加密编辑权限，还可以在"打开权限"选项区中的"打开文件密码"和"再次输入密码"文本框中输入密码加密文档的打开权限。

4.2.8 忘记密码的处理方法

在为文档进行加密后，有时会出现密码忘记的情况，应该怎么样才能取消文档保护呢？可以使用"插入对象"命令将文档重新进行插入操作，其具体操作步骤如下。

1. 选择命令

❶单击"WPS文字"按钮；❷在弹出的菜单中选择"新建"命令；❸在弹出的子菜单中选择"新建"命令。

2. 单击图标

弹出"新建文档"对话框，单击"空白文档"图标。

技巧拓展

在新建文档时，如果需要创建带模板的文档，可以在"新建"列表框中选择"从在线模板新建"或"本机上的模板"命令，通过选择在线模板和本机上的模板完成模板文档的创建。

3. 选择命令

❶在"插入"选项卡中单击"对象"下三角按钮；❷在弹出的菜单中选择"对象"命令。

4. 选中单选按钮并单击按钮

❶弹出"插入对象"对话框，选中"由文件创建"单选按钮；❷单击"浏览"按钮。

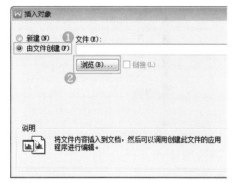

5. 选择文档

❶弹出"浏览"对话框，在对应文件夹中选择需要插入的文档对象；❷单击"打开"按钮。

6. 单击按钮

弹出"密码"对话框，如果忘记密码则单击"只读"按钮。

7. 取消文档加密

以"只读"方式插入文档内容并在插入的文档中双击再次打开文档，可以取消文档的密码保护直接编辑文档。

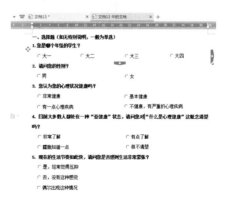

在有密码保护的文档上右击，在弹出的快捷菜单中选择"打开方式"|"写字板"命令，用写字板打开文档后就可以复制或是修改里面的内容了，也可以用另存为的方法来取消文档的保护，但是这种方法会造成文档中的一些图片或表格丢失。

4.2.9 制作文档封面

完成"心理调查报告"文档的正文内容制作后，还需要使用"封面页"功能，在文档中添加一个封面，通过封面可以使整个文档的内容一目了然。其具体操作步骤如下。

1. 选择封面样式

❶在"心理调查报告"文档中的"章节"选项卡中单击"封面页"下三角按钮；❷选择"通用型"封面样式。

2. 添加封面

在正文内容的上方添加一页封面效果并查看文档效果。

[请输入学校名称]

[请输入专业]论文

毕业论文

[请输入论文标题]

姓　名：　[请输入姓名]

3. 修改文本内容

在新添加的封面页中依次修改相应的文本内容并修改文本的字体格式，查看更改封面后的文档效果。

湖南大学

大学生心理健康调查问卷

年　　级：＿＿＿＿＿＿

学　　号：＿＿＿＿＿＿

姓　　名：＿＿＿＿＿＿

专　　业：＿＿＿＿＿＿

指导教师：＿＿＿＿＿＿

年　月　日

在添加封面时，"封面"列表框中包含有多种封面效果，用户可以根据实际需要进行选择添加。

4.2.10　打印前设置纸张方向和大小

完成"心理调查报告"文档的制作后，需要将报告文档打印出来让学员填写，为了打印的版式美观，需要在打印文档前设置文档的纸张方向和纸张大小。其具体操作步骤如下。

1. 设置纸张方向

❶在"心理调查报告"文档中的"页面布局"选项卡中单击"纸张方向"下三角按钮；❷在弹出的菜单中选择"纵向"命令，完成纸张方向的设置。

2. 设置纸张大小

❶在"页面布局"选项卡中单击"纸张大小"下三角按钮；❷在弹出的菜单中选择"A4"命令，完成纸张大小的设置。

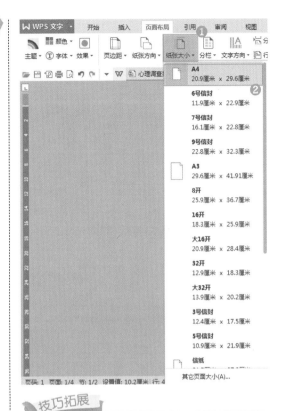

技巧拓展

在设置纸张的打印大小时，"纸张大小"列表框中包含有多种纸张大小参数，选择不同的大小参数可以打印出不同大小的纸张。

第5章

05

WPS表格轻松入门

使用WPS表格可以轻松录入与修改数据。WPS表格具有独特的工作界面和强大的功能。为了能够更好地满足日常工作的需要，及时并准确地掌握WPS表格的操作已成为相关办公人员的必备技能。本章通过职员信息档案和客户登记管理两个实操案例来介绍WPS表格的基本使用方法。

技 能 概 要

创建工作簿 ···· 添加序列 ···· 选择单元格 ···· 合并与拆分 ···· 行高和列宽 ···· 边框和底纹

5.1 制作与整合——职员信息档案

职员信息档案是公司人事表格的一种，是公司所有人员组成的情况明细表，是对公司所有员工的性别、年龄、部门、职位以及其他基本情况的概述。完成本例，需在WPS表格中进行新建空白工作簿、取消单元格错误检查提示、巧用选择性粘贴、在多个Excel工作簿之间快速切换、快速引用其他工作簿中的工作表数据、快速添加序列数据、长报表如何固定表头、简繁体字转换等操作步骤。

5.1.1 创建空白的工作簿文件

本节需要完成的是创建空白工作簿。用户在进行职员信息档案表格制作之前，需要创建一个空白的工作簿，然后在空白工作簿上再进行其他编辑操作，创建空白工作簿的具体操作步骤如下。

1. 启动"WPS表格"

❶双击"WPS表格"的快捷方式图标打开WPS表格程序，在快速访问工具栏中单击"新建"下三角按钮；❷在弹出的菜单中选择"新建"命令。

2. 单击图标

在弹出的"新建文档"对话框的"基础模板"选项区中单击"空白表格"图标。

技巧拓展

在新建工作簿时，不仅可以新建空白的工作簿，还可以在"新建文档"对话框中选择相应的模板图标，即可通过模板快速新建工作簿。

3.创建空白工作簿

完成工作簿的创建并自动将其命名为01。

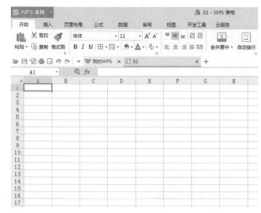

技巧拓展

　　新建工作簿的方法有多种，第一种方法是按快捷键Ctrl+N，快速新建；第二种方法是单击"WPS 表格"按钮，在弹出的菜单中选择"新建"|"新建"命令；第三种方法是单击"WPS 表格"右侧的下三角按钮，在弹出的菜单中选择"文件"|"新建"命令。

5.1.2　连续填充职员工号

　　在完成工作簿的创建后，需要在工作簿中依次输入文本数据。为了快捷地输入职员工号，可以使用"填充"功能实现。其具体操作步骤如下。

1.输入标题

　　在新创建的工作簿中选择A1单元格，输入表格标题"职员信息档案"文本。

2.输入基础数据

　　依次选择A2:J2单元格，依次输入基础数据文本。

技巧拓展

　　在工作表中输入文本的方法很简单，既可以在单元格中输入，也可以在编辑栏中输入。

3.输入编号

　　分别选择A3和A4单元格，输入员工编号00200101和00200102。

4.选择单元格

　　选择A3:A4单元格区域，将鼠标指针移动到

A4单元格右下角，此时鼠标指针变成黑色十字形状。

技巧拓展

在工作表中输入数据内容时，除了可以通过定位单元格输入数据内容外，也可以通过选择单元格区域，在选择的单元格区域内输入。单击鼠标并拖曳，选择需要输入数据的单元格区域，输入数据，输入完成后，按Enter键即可自动切换至下一个单元格进行输入。

5.连续填充

单击鼠标左键向下拖曳至A17单元格后，释放鼠标左键即可完成连续填充职员工号的操作。

技巧拓展

连续填充的方法有多种，第一种方法，单击"WPS表格"右侧的下三角按钮，在弹出

的菜单中选择"编辑" | "填充"命令，在弹出的子菜单中选择对应的命令，即可填充不同的数据；第二种方法是在"开始"选项卡中，单击"行和列"下三角按钮，在弹出的菜单中选择"填充"命令，弹出子菜单中，选择相应命令。

5.1.3　取消单元格错误检查提示

在输入以0开头的数据时，常常会在单元格的左上角处显示出一个绿色的小三角，以提示单元格错误，出现这种情况，是因为开启了单元格错误检查功能，只要禁用该功能就不会再发生这种情况了。其具体的操作步骤如下。

1.选择命令

❶在工作表中选择A3：A17单元格区域；❷单击错误提示右侧的下三角按钮；❸在弹出的菜单中选择"错误检查选项"命令。

2.取消选中复选框

❶弹出"选项"对话框，在左侧列表框中选择"错误检查"选项；❷在右侧列表框中取消选中"允许后台错误检查"复选框；❸单击"确定"按钮。

3. 取消单元格错误检查

取消单元格的错误检查提示后单元格区域中不再显示绿色三角形图标，查看工作表效果。

技巧拓展

在取消单元格的错误检查提示时，如果只想暂时性取消错误检查，可以使用"忽略错误"功能。选择错误的单元格，显示一个感叹号，单击感叹号，在弹出的菜单中选择"忽略错误"命令即可暂时忽略。

5.1.4 在多个Excel工作簿之间快速切换

在制作"职员信息档案"工作表的时候，同时打开了"职员信息档案素材"工作表。使用"WPS表格"列表框中的"窗口"命令，可以在多个工作簿之间进行切换，也可以通过快捷键的方式进行切换操作，具体操作步骤如下。

1. 打开工作簿

单击快速访问工具栏中的"打开"按钮，打开相关素材中的"素材\第5章\员工信息档案素材.xlsx"工作簿。

2. 选择工作簿

❶单击"WPS表格"下三角按钮；❷在弹出的菜单中选择"窗口"命令；❸在弹出的子菜单中选择需要切换到的工作簿。

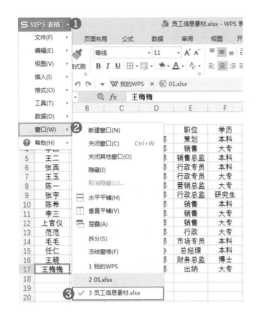

3. 切换后效果

完成切换工作簿操作并查看到切换后的工作簿界面。

技巧拓展

　　使用快捷键Ctrl+Tab可在多个工作簿之间反复切换。还可以通过工作栏上的"文档列表"下三角按钮来实现多个工作簿之间的切换操作。

5.1.5　快速引用其他工作簿中的工作表数据

在WPS表格的编辑过程中常常需要引用其他工作簿中的数据。在制作职员信息档案表格时候，可以直接引用素材中相应的数据，其具体操作步骤如下。

1. 输入公式符号

在新创建的工作表中选择B3单元格，输入公式符号"="。

2. 选择引用位置

切换到"员工信息素材"工作簿，选择A3单元格。

3. 引用工作簿数据

选中编辑栏右侧的输入框，删除"$"符号，按Enter键确认，即可完成引用。

4. 完成引用

将鼠标指针移动到B3单元格右下角。此时鼠标指针变成黑色十字形状，单击鼠标并拖曳至B17单元格，释放鼠标左键即可完成选定单元格区域数据的引用操作。

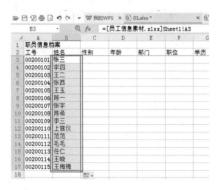

表格设计公式时，常涉及相对引用和绝对引用。其中相对引用是公式相对引用某个单元格，向下复制或拖拉一个单元格时，则引用的单元格也相对向下变为原引用的下一格。同时向左或向右复制一个单元格时，引用格也变为原引用的左或右的单元格，而非原单位格；在公式格中的引用位置上录入英文的$符号则可以锁定引用位置，如果是在行数字前录入的话，则锁定该行，如录入"=A\$3"，则再向下拖动复制公式时，将指定第3行，但如果向左右复制的话，行数字不变，但列字母将变化。同理在列字母前加入$，则公式在向左右复制时行字母将不变，如果同时加上$，如录入"=\$A\$3"，则不管上下还是左右复制，引用单元格都将不变。

5.1.6　快速添加序列数据

在制作职员信息档案工作表时，输入性别时可以通过"插入下拉列表"的方式来进行快捷输入，具体操作步骤如下。

1. 选择单元格区域并单击按钮

❶在新创建的工作表中选择C3:C17单元格区域；❷在工具栏中切换到"数据"选项卡，单击"插入下拉列表"按钮。

2. 设置下拉列表

❶在弹出的"插入下拉列表"对话框中单击
"添加"按钮；❷添加文本框，输入"男"和
"女"；❸单击"确定"按钮，完成下拉列表的
添加。

3. 选择选项

❶单击C3单元格右侧的下三角按钮；❷在弹
出的菜单中选择"男"选项，完成序列数据的
添加。

4. 添加序列数据

使用相同的方法快速完成C3:C17单元格序列
数据的添加。

技巧拓展

在WPS表格中添加下拉表时，还可以通
过"数据有效性"的方式进行添加，预先设置
好来源数据。

5.1.7　巧用选择性粘贴

选择性粘贴，可以方便用户进行快速的
复制粘贴。选择性粘贴是WPS软件中的一
种粘贴选项，通过使用选择性粘贴，用户能
够将剪贴板中的内容粘贴为不同于内容源的
格式。选择性粘贴在各种软件中具有重要作
用。巧用选择性粘贴的具体操作步骤如下。

1. 复制数据

切换到素材工作簿，选择C3:I17单元格区
域，右击，在弹出的快捷菜单中选择"复制"命
令复制数据。

2. 选择命令

❶切换至"01"工作簿,选择D3单元格;
❷右击,在弹出的快捷菜单中选择"选择性粘贴"命令。

技巧拓展

除了使用上述方法进行复制操作外,还可以通过快捷键Ctrl+C实现快速复制选中的单元格区域。

3. 选中单选按钮

❶在弹出的"选择性粘贴"对话框的"粘贴"选项区中选中"全部"单选按钮;❷单击"确定"按钮。

4. 选择性粘贴数据

完成选择性粘贴操作后将选中的数据复制到正在编辑的工作簿中,查看完成后的表格效果。

技巧拓展

除了使用上述方法弹出"选择性粘贴"对话框,还可以在"开始"选项卡下单击"粘贴"下三角按钮,在弹出的菜单中选择"选择性粘贴"命令。

5.1.8 长报表如何固定表头

在工作中做出数据表格后，有时页数比较多，想在浏览表格时表头固定不动，可以通过"冻结窗口"的操作来实现，具体操作步骤如下。

1. 选择命令

❶在新创建的工作表中选择第3行表格；❷切换到"视图"选项卡，单击"冻结窗口"下三角按钮；❸在弹出的菜单中选择"冻结窗口"命令。

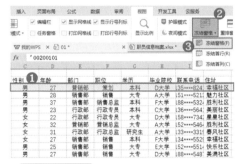

2. 查看效果

完成"固定表头"操作并通过鼠标中间滚动轮查看表格表头固定后的效果。

技巧拓展

在固定表头时，如果只固定首行的表头，则直接单击"冻结窗口"下三角按钮，在弹出的菜单中选择"冻结首行"命令。

5.1.9 简繁转换

在工作当中如果字体需要简繁转换，可以使用WPS中的简繁字体自由转换工具，既可以不需要切换输入法，也不需要下载任何插件，具体操作步骤如下。

1. 单击按钮

❶在新创建的工作表中选择A1:J17单元格区域；❷切换至"审阅"选项卡，单击"简转繁"按钮。

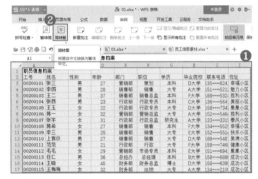

2. 简转繁

将简体字体转换成繁体字体并查看表格效果。

3. 单击按钮

继续保持单元格的选择状态，在"审阅"选项卡下单击"繁转简"按钮。

4. 繁转简

繁体字体转换成了简体字体，查看表格效果。

技巧拓展

在转换简体与繁体时，单击"简繁转换"按钮，弹出"中文简繁转换"对话框，可以在打开的对话框中设置转换方向和转换单位。

5.1.10 工作簿另存为与命名

完成工作簿的制作与编辑后，为了防止文档丢失，需要对工作簿进行保存操作，在保存过程中，还需要为工作簿进行命名操作以便于以后查找使用，具体操作步骤如下。

1. 选择命令

❶在新创建的工作表中单击"WPS表格"下三角按钮；❷在弹出的菜单中选择"文件"命令；❸在弹出的子菜单中选择"另存为"命令。

2. 保存与命名文档

❶在弹出的"另存为"对话框中输入"文件名"为"职员信息档案"；❷设置保存路径，❸单击"保存"按钮，完成文档的保存与命名操作。

技巧拓展

在保存文档时，还可以在"文件"子菜单中选择"另存为"命令，对文档进行另存为操作。

5.2 选择与优化——客户登记管理

客户登记管理是用于客户的信息记录，可以根据客户登记管理表格的内容，有针对性地进行客户情况分析。完成本例，需在WPS 表格中进行表格数据的选择、根据条件选择、复制单元格格式、行高列宽的调整、合并与拆分单元格、快速调整表格行高和列宽、为单元格添加底纹效果以及将单元格文本居中对齐等操作步骤。

5.2.1 选取工作表中单元格和区域

单元格是工作表的最小组成单位，也是WPS表格整体操作的最小单位，工作表中的每个行列交叉处就构成一个单元格。在WPS表格中，经常用拖动鼠标的方式选择单元格或单元格区域，但是在表格数据特别庞大时，用鼠标拖选的方法就显得很不方便。单元格和单元格区域的选取方法有多种，单个选取、不连续选取或连续选取等，其具体的操作步骤如下。

1. 打开工作簿

单击快速访问工具栏中的"打开"按钮，打开相关素材中的"素材\第5章\客户登记管理.xlsx"工作簿。

2. 选取单个单元格

在A1单元格上单击选取单个单元格。

技巧拓展

选取单个单元格的方法很简单，只需要将鼠标指针移动到该单元格上，单击即可，此时该单元格会被浅绿色的粗框包围。

3. 选取不连续单元格

按住Ctrl键的同时依次单击需要选取的单元格，即可选取多个不连续单元格。

4. 选取连续单元格区域

按住Shift键的同时依次单击A2和F8单元格，可以选取连续的单元格区域。

技巧拓展

在选取单个单元格时，还可以在名称文本框中输入需要选择的单元格名称，即可选择直接对应的单元格。

5. 选取连续单元格区域

在工作表中单击并拖曳，即可选取连续单元格区域。

6. 选取不连续单元格区域

在按住Ctrl键的同时，在工作表中单击并拖曳，即可选取多个不连续的单元格区域。

7. 选中整行

在需要选择的整行行号上单击鼠标，即可选中整行。

8. 选中整列

在需要选择的整列列标上单击鼠标，即可选中整列。

9.选中所有单元格区域

在工作表左上角的行标题和列标题的交叉处单击，即可快速选中工作表中的所有单元格区域。

技巧拓展

在选取所有单元格时，还可以按快捷键Ctrl+A进行快速选取。

5.2.2 根据条件选择单元格

在选择单元格时，使用"定位"功能，可以通过指定定位条件，选择整个区域中的数值或文本等。这种方法在很多情况下有效。根据条件选择单元格的具体操作步骤如下。

1.选择命令

❶在"客户管理登记"工作表的"开始"选项卡中，单击"查找"下三角按钮；❷在弹出的菜单中选择"定位"命令。

2.设置定位条件

❶在"定位"对话框中选中"数据"单选按钮，并选中"常量"和"数字"复选框；❷单击"定位"按钮。

3.完成定位选择

选取所定位的单元格区域并在文档中查看选取结果。

技巧拓展

在"定位"对话框中，选中"公式"复选框，可以定位选择工作表中的带公式的单元格；选中"错误"复选框，可以定位选择工作表中错误的单元格；选中"批注"单选按钮，可以定位选择工作表中带批注的单元格；选中"空值"单选按钮，可以定位选择工作表中空值单元格；选中"最后一个单元格"单选按钮，可以定位选择工作表中的最后一个单元格；选中其他的单选按钮，可以选择不同类型的单元格。

5.2.3 快速复制单元格格式

在设置单元格格式的时候，通过"格式刷"功能可以快速复制单元格格式。其具体操作步骤如下。

1. 选择目标单元格

❶在"客户登记管理"工作表中选择A2单元格；❷在"开始"选项卡中单击"格式刷"按钮。

2. 复制格式

当鼠标指针变成刷子形状后，单击B2单元格完成单元格格式的复制。

3. 复制格式

使用同样的方法，在表格中依次选择相应的单元格，为其设置单元格格式。

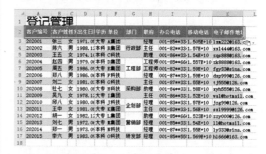

技巧拓展

使用格式刷快速复制单元格格式时，可以通过鼠标拖曳的方式，快速为连续单元格复制格式。

5.2.4 使用查找功能选中相同格式的单元格

在客户登记管理表格中，查看相同格式的单元格数据信息，可以通过"开始"选项卡中的"查找"功能实现。其具体操作步骤如下。

1. 选择命令

❶在"客户登记管理"工作表中的"开始"选项卡下单击"查找"下三角按钮；❷在弹出的菜单中选择"查找"命令。

2. 设置格式

弹出"查找"对话框，单击"选项"按钮。

3. 设置选择格式

❶在"查找"对话框中单击"格式"下三角按钮；❷在弹出的菜单中选择"背景与字体颜色"选项。

4. 查找全部

❶返回到"查找"对话框，在"格式预览"里查看效果；❷单击"查找全部"按钮可查找同一格式的单元格并显示在"查找"对话框中。

技巧拓展

可以在"查找"对话框中设置"范围""搜索"及"查找范围"等参数进行内容的精确查找。

5.2.5 快速合并与拆分单元格

为了使客户登记管理表格更加美观，可以通过合并与拆分单元格来调整表格表头。其具体操作步骤如下。

1. 选择命令

在"客户登记管理"工作表中选择A1:K1单元格区域，在选定的单元格区域中右击，在弹出的快捷菜单中选择"设置单元格格式"命令。

2. 合并单元格

❶弹出"单元格格式"对话框，切换到"对齐"选项卡，在"文本控制"选项区中选中"合并单元格"复选框；❷单击"确定"按钮。

3.合并单元格

完成选定单元格区域的合并操作并查看合并后的表格表头效果。

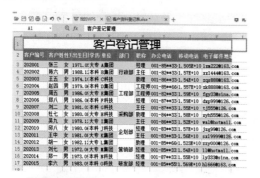

4.选择命令

❶在"客户登记管理"工作表中选择G3单元格，在"开始"选项卡中单击"合并居中"下三角按钮；❷在弹出的菜单中选择"拆分并填充内容"命令。

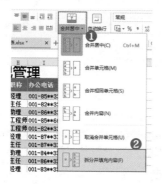

5.拆分单元格

完成选定单元格的拆分操作并查看拆分后的表格效果。

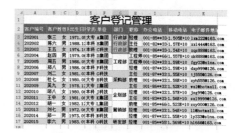

使用相同的方法完成其他单元格的拆分，并通过"格式刷"快速复制单元格格式，查看操作完成后的表格效果。

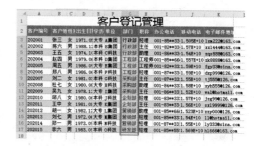

技巧拓展

除了上述方法可以拆分与合并单元格外，还可以通过单击"开始"选项卡中的"合并和居中"下三角按钮，在弹出的菜单中选择"合并单元格"或"拆分单元格"命令来实现单元格的合并和拆分操作。

5.2.6 一次清除选中单元格的所有格式设置

在WPS表格的编辑中，工作表中设置了各种格式后，可以通过"开始"选项卡下

"格式"选项中的"清除"命令来实现清除操作。其具体操作步骤如下。

1.选择命令

❶在"客户登记管理"工作表中选择A3：K17单元格区域，在"开始"选项卡中单击"格式"下三角按钮；❷在弹出的菜单中选择"清除"命令；❸在弹出的子菜单中选择"格式"命令。

2.完成设置

完成清除选中单元格格式的操作并查看表格效果。

🏵技巧拓展

在"清除"列表框中，选择"全部"命令，可以清除全部单元格的数据内容和格式；选择"内容"命令，只清除数据内容，不清除格式。

5.2.7　快速调整表格行高和列宽

为了使客户登记管理表格更加美观，需要调整表格的行高和列宽。具体操作步骤如下。

1.选择命令

在"客户登记管理"工作表中，选中第1行单元格区域，在行标题上右击，在弹出的快捷菜单中选择"行高"命令。

2.设置行高参数

❶弹出"行高"对话框，在"行高"数值框中输入数值40；❷单击"确定"按钮。

🏵技巧拓展

除了上述方法可以弹出"行高"对话框外，还可以在"开始"选项卡下，单击"行和列"下三角按钮，在弹出的菜单中选择"行高"命令。

3. 调整行高

完成第1行单元格行高的设置并查看设置后的效果。

4. 调整行高

使用相同的方法设置其他行的行高，并查看设置后的效果。

技巧拓展

除了上述方法可以调整表格的行高外，还可以选择需要调整的行对象，单击并拖曳鼠标调整表格的行高。

5. 选择命令

选中A列单元格区域，在列标题上右击，在弹出的快捷菜单中选择"列宽"命令。

6. 设置列宽参数

❶在弹出的"列宽"对话框的"列宽"数值框中输入数值10；❷单击"确定"按钮。

技巧拓展

除了上述方法可以弹出"列宽"对话框外，还可以在"开始"选项卡下，单击"行和列"下三角按钮，在弹出的菜单中选择"列宽"命令即可。

7. 调整列宽

完成A列单元格列宽设置并查看设置后的效果。

8. 调整列宽

使用相同的方法设置其他列的列宽，并查看设置后的效果。

技巧拓展

除了手动调整行高和列宽，还可以自动调整行高和列宽。全选工作表，单击"WPS表格"下三角按钮，在弹出的菜单中选择"格式"命令，在弹出的子菜单中选择"行"|"最适合的行高"命令，可以自动调整行高；选择"列"|"最适合的列宽"命令可以自动调整列宽。

5.2.8　为单元格添加边框效果

在客户登记管理工作表的编辑中，可以使用"边框"功能为表格添加边框。其具体操作步骤如下。

1. 选择命令

❶在"客户登记管理"工作表中选择A1：K17单元格区域，在"开始"选项卡中单击"边框"下三角按钮；❷在弹出的菜单中选择"其他边框"命令。

2. 设置内部边框样式

❶弹出"单元格格式"对话框，在"边框"选项卡中的"线条"选项区中设置"样式"和"颜色"选项；❷在"预置"选项区中单击"内部"按钮。

3. 设置外部边框样式

❶在"线条"选项区中设置"样式"和"颜色"选项；❷在"预置"选项区中单击"外边框"按钮；❸单击"确定"按钮。

4.添加边框

完成边框添加并在表格中查看边框添加后的效果。

技巧拓展

如果只需要为表格设置简单的边框效果，可以通过"开始"选项卡中的"边框"下三角按钮进行设置。

5.2.9 为单元格添加底纹效果

在客户登记管理表格中，可以使用"填充颜色"功能为表格添加底纹效果。其具体操作步骤如下。

1.选择命令

❶在"客户登记管理"工作表中选择A3：K17单元格区域，在"开始"选项卡中单击"填充颜色"下三角按钮；❷在弹出的菜单中选择"其他颜色"命令。

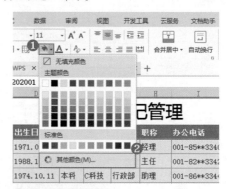

2.设置颜色参数

❶在弹出的"颜色"对话框的"自定义"选项卡中，设置"颜色"的参数分别为160、230、200；❷单击"确定"按钮。

3.完成操作

完成为表格添加底纹的操作并查看添加底纹后的表格效果。

客户登记管理

客户编号	客户姓名	性别	出生日期	学历	单位	部门	职称	办公电话	移动电话	电子邮件地址
202001	张三	女	1971.05.09	大专	A集团	行政部	经理	001-85**3340	15050008895	lm2222@163.com
202002	陈六	男	1988.12.18	本科	A集团	行政部	主任	001-82**3342	15700008897	xx14440163.com
202003	王五	女	1974.10.11	本科	C科技	行政部	助理	001-86**3344	15400008899	xq888@163.com
202004	赵四	男	1979.06.08	本科	B集团	工程部	工程师	001-65**6667	15568666666	zk8888@163.com
202005	周五	男	1986.09.11	大专	A集团	工程部	工程师	001-82**3336	15900008891	fgy33@sina.com
202006	郑八	男	1986.06.03	本科	A集团	工程部	经理	001-87**3343	15900008892	dxp999@126.com
202007	刘二	女	1981.03.06	本科	C科技	采购部	主任	001-87**3333	15500008888	hh@sina.com
202008	杜七	女	1980.02.01	大专	B集团	采购部	助理	001-84**3335	15800008890	xyh55@126.com
202009	吴九	男	1978.12.25	大专	A科技	采购部	主任	001-86**3333	15200008894	val@hotmail.com
202010	顾八	女	1980.06.12	本科	J科技	金制部	主管	001-83**3337	15400008899	jd@163.com
202011	王申	女	1981.08.19	大专	A集团	金制部	主任	001-83**3341	15600008894	zx19999@126.com
202012	胡一	女	1982.12.26	大专	A集团	营销部	经理	001-85**6666	15233333333	zzy000@126.com
202013	刘七	男	1972.06.10	大专	B集团	营销部	经理	001-85**3334	15400008890	ll@hotmail.com
202014	郑一	男	1973.09.22	本科	B集团	营销部	经理	001-87**3338	15500008893	ly33@sina.com
202015	李六	男	1983.09.20	本科	O科技	研发部	经理	001-85**5555	15688888888	hl66@163.com

技巧拓展

除了上述方法可以添加底纹效果外，还可以在选择单元格区域后，右击，在弹出的快捷菜单中选择"设置单元格格式"命令，在弹出的"单元格格式"对话框中切换至"图案"选项卡，选择合适的颜色。

5.2.10 将单元格文本居中对齐

在"客户登记管理"表格中，文本是靠左对齐的，数据是靠右对齐的，使用"设置单元格格式"功能可以快速将表格数据调整为居中对齐。其具体操作步骤如下。

1.选择命令

在"客户登记管理"工作表中选择A1：K17单元格区域，右击，在弹出的快捷菜单中选择"设置单元格格式"命令。

2.选择水平对齐

❶弹出"单元格格式"对话框，在"对齐"选项卡的"文本对齐方式"选项区中单击"水平对齐"下三角按钮；❷在弹出的菜单中选择"居中"命令。

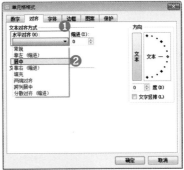

3.选择垂直对齐

❶在"文本对齐方式"选项区中单击"垂直对齐"下三角按钮；❷在弹出的菜单中选择"居中"命令。

4.居中对齐文本

单击"确定"按钮即可将表格中所有数据居中对齐，查看设置后的表格效果。

在对齐文本时，在"开始"选项卡中单击"左对齐"按钮，即可将文本左对齐；单击"右对齐"按钮，即可将文本右对齐；单击"顶端对齐"按钮，即可将文本顶端对齐；单击"底端对齐"按钮，即可将文本底端对齐。

第6章

WPS表格单元格的奥秘

本章提要

　　单元格是工作表的最小组成单位，也是WPS表格整体操作的最小单位。工作表中的每个行列交叉处就构成一个单元格，每个单元格都可以以它的行号和列标来标识。在单元格中可以进行数据输入，也可以通过设置单元格格式、条件格式和数据验证条件来编辑单元格中的数据。本章通过采购计划表和项目成本分析两个实操案例来介绍WPS表格中单元格的应用方法。

技能概要

6.1 格式与参数——采购计划表

采购计划表是根据生产部门或其他使用部门的计划制订的包括采购物料、采购数量和需求日期等内容的计划表格。完成本例，需在WPS表格中进行快速输入序列数据、填充递增数字、快速输入相同的内容、合并生成采购单号、输入短日期格式、输入小数点、输入货币符号、自动转换大小写金额以及选择性粘贴等操作步骤。

6.1.1 快速输入序列数据

输入或是填充序列几乎是每个接触WPS表格的人的必修课。在制作采购计划表时，采购日期可以通过序列数据的方式进行输入。其具体操作步骤如下。

1. 打开工作簿

单击快速访问工具栏中的"打开"按钮，打开相关素材中的"素材\第6章\采购计划表.xlsx"工作簿。

2. 输入日期文本

选择A3单元格，输入"2021年7月1日"。

3. 选择单元格区域和命令

❶选择A3:A14单元格区域；❷在"开始"选项卡中单击"行和列"下三角按钮；❸在弹出的菜单中选择"填充"命令；❹在弹出的子菜单中选择"序列"命令。

4.设置参数值

❶弹出"序列"对话框,在"序列产生在"选项区中,选中"列"单选按钮;❷在"类型"选项区中,选中"日期"单选按钮;❸单击"确定"按钮。

5.输入日期序列

完成采购日期序列的输入并查看输入后的表格效果。

	采购计划表					
	采购日期	采购部门	采购编号	采购单号	产品名称	供应商	采购单价（元）
2021年7月1日				笔记本	A商场	6888
2021年7月2日				台式机	D商场	4999
2021年7月3日				平板电脑		2999
2021年7月4日				一体机	C商场	8799
2021年7月5日				超级本	C商场	5888
2021年7月6日				电冰箱		8688
2021年7月7日				电视机	D商场	4899
2021年7月8日				洗衣机	C商场	3288
2021年7月9日				热水器		2899
2021年7月10日				空调	A商场	6699
2021年7月11日				电风扇	A商场	315
2021年7月12日				燃气灶		2999

也可以通过设置"步长值"和"终止值"的方式输入序列数据。

6.1.2 使用自动填充递增数字

一般情况下,采购编号为一串连续的阿拉伯数字,在输入时可以通过鼠标拖曳的方式自动填充。具体操作步骤如下。

1.输入编号

在采购计划表中选择C3单元格,输入采购编号2021001。

采购编号	采购单号	产品名称	供应商	采购单价（元）
2021001		笔记本	A商场	6888
		台式机	D商场	4999
		平板电脑		2999
		一体机	C商场	8799
		超级本	C商场	5888
		电冰箱		8688
		电视机	D商场	4899
		洗衣机	C商场	3288
		热水器		2899
		空调	A商场	6699
		电风扇	A商场	315

2.移动鼠标指针

将鼠标指针移动到C3单元格右下角,此时鼠标指针变成黑色十字形状。

采购日期	采购部门	采购编号	采购单号
2021年7月1日		2021001	
2021年7月2日			
2021年7月3日			
2021年7月4日			
2021年7月5日			
2021年7月6日			
2021年7月7日			
2021年7月8日			
2021年7月9日			
2021年7月10日			
2021年7月11日			
2021年7月12日			

技巧拓展

选定单元格后,按住Ctrl键再拖曳鼠标,即可在拖曳的区域内输入相同的数字数据。

3. 自动填充递增数字

单击并向下拖曳鼠标指针至C14单元格区域后，释放鼠标，完成自动填充递增数字的操作并查看填充后的效果。

技巧拓展

WPS表格中的自动填充功能十分强大，用户可以灵活运用。除了可以填充序号外，还可以填充连续性的数据。例如，在工作表中选中A1和A2单元格的月数，将鼠标指针移动到A2单元格的右下角位置，按住鼠标向下拖动鼠标至相应的单元格后，释放鼠标即可自动填充连续的月数。

6.1.3 快速填入相同的内容

在制作"采购计划表"工作表的时候，有时遇到一些相同的内容，一个一个重新输入非常浪费时间，此时可以使用自动填充功能实现相同内容的快速输入。其具体的操作步骤如下。

1. 输入文本

在采购计划表中选择B3单元格，输入采购部门"采购A部"文本。

2. 移动鼠标指针

将鼠标指针移动到B3单元格右下角，此时鼠标指针变成黑色十字形状。

3. 填充相同数据

单击并向下拖曳鼠标指针至B14单元格区域，释放鼠标即可完成相同采购部门的输入。

	A	B	C	D	E
1					采
2	采购日期	采购部门	采购编号	采购单号	产品名称
3	2021年7月1日	采购A部	2021001		笔记本
4	2021年7月2日	采购A部	2021002		台式机
5	2021年7月3日	采购A部	2021003		平板电脑
6	2021年7月4日	采购A部	2021004		一体机
7	2021年7月5日	采购A部	2021005		超级本
8	2021年7月6日	采购A部	2021006		电冰箱
9	2021年7月7日	采购A部	2021007		电视机
10	2021年7月8日	采购A部	2021008		洗衣机
11	2021年7月9日	采购A部	2021009		热水器
12	2021年7月10日	采购A部	2021010		空调
13	2021年7月11日	采购A部	2021011		电风扇
14	2021年7月12日	采购A部	2021012		燃气灶
15					

技巧拓展

WPS 表格中的填充功能十分强大，除了通过鼠标拖曳的方法进行填充外，可以选定单元格输入数据后，使用快捷键Ctrl+C复制，再通过快捷键Ctrl+V粘贴所复制的数据，实现相同数据的输入。还可以在"开始"选项卡下，单击"行和列"下三角按钮，在弹出的菜单中选择"填充" | "向下填充"命令，即可在选择的单元格区域内快速填充相同的内容。

6.1.4 在不连续单元格中输入相同数据

在采购计划表中输入供应商文本内容时，如果有相同的供应商在不连续的单元格中，可以通过按住Ctrl键后再选择目标单元格，输入数据后再按下快捷键Ctrl+Enter的方式来进行快捷输入。其具体操作步骤如下。

1. 选择多个单元格

在采购计划表中按住Ctrl键，使用鼠标依次选择F5单元格、F8单元格、F11单元格和F14单元格。

	A	B	C	D	E	F
1						采购计划
2	采购日期	采购部门	采购编号	采购单号	产品名称	供应商
3	2021年7月1日	采购A部	2021001		笔记本	A商场
4	2021年7月2日	采购A部	2021002		台式机	D商场
5	2021年7月3日	采购A部	2021003		平板电脑	
6	2021年7月4日	采购A部	2021004		一体机	C商场
7	2021年7月5日	采购A部	2021005		超级本	C商场
8	2021年7月6日	采购A部	2021006		电冰箱	
9	2021年7月7日	采购A部	2021007		电视机	D商场
10	2021年7月8日	采购A部	2021008		洗衣机	C商场
11	2021年7月9日	采购A部	2021009		热水器	
12	2021年7月10日	采购A部	2021010		空调	A商场
13	2021年7月11日	采购A部	2021011		电风扇	A商场
14	2021年7月12日	采购A部	2021012		燃气灶	

2. 输入数据

选择目标单元格后，输入文本"B商场"文本。

	A	B	C	D	E	F
1						采购计划
2	采购日期	采购部门	采购编号	采购单号	产品名称	供应商
3	2021年7月1日	采购A部	2021001		笔记本	A商场
4	2021年7月2日	采购A部	2021002		台式机	D商场
5	2021年7月3日	采购A部	2021003		平板电脑	
6	2021年7月4日	采购A部	2021004		一体机	C商场
7	2021年7月5日	采购A部	2021005		超级本	C商场
8	2021年7月6日	采购A部	2021006		电冰箱	
9	2021年7月7日	采购A部	2021007		电视机	D商场
10	2021年7月8日	采购A部	2021008		洗衣机	C商场
11	2021年7月9日	采购A部	2021009		热水器	
12	2021年7月10日	采购A部	2021010		空调	A商场
13	2021年7月11日	采购A部	2021011		电风扇	A商场
14	2021年7月12日	采购A部	2021012		燃气灶	B商场

3. 输入相同数据

按下快捷键Ctrl+Enter，即可在不连续的单元格中输入相同的数据。

采购计划表

	采购日期	采购部门	采购编号	产品名称	供应商	采购单价（元）
3	2021年7月1日	采购A部	2021001	笔记本	A商场	6888
4	2021年7月2日	采购A部	2021002	台式机	D商场	4999
5	2021年7月3日	采购A部	2021003	平板电脑	B商场	2999
6	2021年7月4日	采购A部	2021004	一体机	C商场	8799
7	2021年7月5日	采购A部	2021005	超级本	C商场	5888
8	2021年7月6日	采购A部	2021006	电冰箱	B商场	8688
9	2021年7月7日	采购A部	2021007	电视机	D商场	4899
10	2021年7月8日	采购A部	2021008	洗衣机	C商场	3288
11	2021年7月9日	采购A部	2021009	热水器	B商场	2899
12	2021年7月10日	采购A部	2021010	空调	A商场	6699
13	2021年7月11日	采购A部	2021011	电风扇	A商场	315
14	2021年7月12日	采购A部	2021012	燃气灶	B商场	2999

技巧拓展

WPS表格中的相同内容快捷输入有多种方法，该方法主要适用于非连续区域，连续区域一般用快速填充或者复制输入。

6.1.5 合并生成采购单号

在采购计划表格中的采购单号，是由采购部门和采购编号合并而成，这里可以通过输入公式的方式，完成合并两个表格数据的操作。其具体的操作步骤如下。

1. 输入公式

在采购计划表中选择D3单元格，在地址栏中输入公式"=B3&C3"。

	采购日期	采购部门	采购编号	采购单号
3	2021年7月1日	采购A部	2021001	=B3&C3
4	2021年7月2日	采购A部	2021002	
5	2021年7月3日	采购A部	2021003	
6	2021年7月4日	采购A部	2021004	
7	2021年7月5日	采购A部	2021005	
8	2021年7月7日	采购A部	2021007	
9	2021年7月8日	采购A部	2021008	
10	2021年7月9日	采购A部	2021009	

2. 显示结算结果

按Enter键确认公式输入并显示采购单号的计算结果。

3. 拖曳鼠标

选择D3单元格，鼠标指针移动到D3单元格右下角，当指针变成黑色十字形状时，单击并向下拖曳其至D14单元格。

	采购日期	采购部门	采购编号	采购单号
2	2021年7月1日	采购A部	2021001	采购A部2021001
3	2021年7月2日	采购A部	2021002	
4	2021年7月3日	采购A部	2021003	
5	2021年7月4日	采购A部	2021004	
6	2021年7月5日	采购A部	2021005	
7	2021年7月6日	采购A部	2021006	
8	2021年7月7日	采购A部	2021007	
9	2021年7月8日	采购A部	2021008	
10	2021年7月9日	采购A部	2021009	
11	2021年7月10日	采购A部	2021010	

4. 自动填充采购单号

释放鼠标即可完成B列采购部门和C列采购编号的合并，查看合并后采购单号的效果。

	采购日期	采购部门	采购编号	采购单号	产品名称
3	2021年7月1日	采购A部	2021001	采购A部2021001	笔记本
4	2021年7月2日	采购A部	2021002	采购A部2021002	台式机
5	2021年7月3日	采购A部	2021003	采购A部2021003	平板电脑
6	2021年7月4日	采购A部	2021004	采购A部2021004	一体机
7	2021年7月5日	采购A部	2021005	采购A部2021005	超级本
8	2021年7月6日	采购A部	2021006	采购A部2021006	电冰箱
9	2021年7月7日	采购A部	2021007	采购A部2021007	电视机
10	2021年7月8日	采购A部	2021008	采购A部2021008	洗衣机
11	2021年7月9日	采购A部	2021009	采购A部2021009	热水器
12	2021年7月10日	采购A部	2021010	采购A部2021010	空调
13	2021年7月11日	采购A部	2021011	采购A部2021011	电风扇
14	2021年7月12日	采购A部	2021012	采购A部2021012	燃气灶

技巧拓展

非相邻单元格也可以通过输入公式的方式实现合并数据，例如输入公式"=A3&C10"，即可得到合并后的数据"2021年7月1日2021008"。

6.1.6 输入短日期格式

在WPS表格编辑过程中，如果想将日期设置为"短日期"的格式，可以通过设置"单元格格式"功能实现。其具体操作步骤如下。

1. 选择单元格区域和命令

❶在采购计划表中选择A3:A14单元格区域；❷在"开始"选项卡中，单击"格式"下三角按钮，弹出菜单；❸选择"单元格"命令。

2. 设置参数值

❶弹出"单元格格式"对话框，在"数字"选项卡的"分类"选项区中，选择"自定义"选项；❷在右侧的"类型"列表框中，选择短日期格式；❸单击"确定"按钮。

技巧拓展

在设置日期格式时，如果需要设置带有年份的日期格式，可以在"单元格格式"对话框中的"自定义|类型"列表框中，选择"yyyy"年"m"月"d"日"选项。

3. 设置短日期格式

完成采购日期的短日期格式设置并查看设置完成后的表格效果。

6.1.7 输入小数点

编辑制作采购计划表时涉及采购单价和采购总额的显示，在货币金额中常有小数点后边2位数显示，此时可以通过"选项"功能设置小数点的输入。具体操作步骤如下。

1. 选择命令

❶在采购计划表中，为A3:A14单元格区域添加边框效果，然后单击"WPS表格"下三角按钮；❷在弹出的菜单中选择"工具"命令；❸在弹出的子菜单中选择"选项"命令。

2. 设置参数

❶在弹出的"选项"对话框左侧列表框中，选择"编辑"选项；❷在右侧列表框中，选中"自动设置小数点"复选框，在"位数"文本框中输入数字"2"；❸单击"确定"按钮。

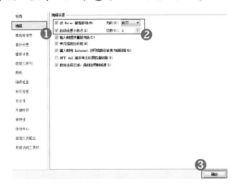

3. 输入数据

完成小数位数的输入设置后在工作表中选择G3单元格，输入数据688835。

产品名称	供应商	采购单价（元）	采购数量
笔记本	A商场	688835	80
台式机	D商场	4999	50
平板电脑	B商场	2999	150
一体机	C商场	8799	60
超级本	C商场	5888	100
电冰箱	B商场	8688	30
电视机	D商场	4899	35

4. 添加小数点数据

按Enter键确认完成数据修改，可以看到数据添加两位数的小数点后变成6888.35。

采购单号	产品名称	供应商	采购单价（元）	采购数量
采购A部2021001	笔记本	A商场	6888.35	80
采购A部2021002	台式机	D商场	4999	50
采购A部2021003	平板电脑	B商场	2999	150
采购A部2021004	一体机	C商场	8799	60
采购A部2021005	超级本	C商场	5888	100
采购A部2021006	电冰箱	B商场	8688	30
采购A部2021007	电视机	B商场	4899	35
采购A部2021008	洗衣机	C商场	3288	40
采购A部2021009	热水器	B商场	2899	35
采购A部2021010	空调	A商场	6699	52
采购A部2021011	电风扇	A商场	315	30
采购A部2021012	燃气灶	B商场	2999	50

5. 输入数据

在工作表中，选择G4单元格，输入数据499999。

产品名称	供应商	采购单价（元）	采购数量
笔记本	A商场	6888.35	80
台式机	D商场	499999	50
平板电脑	B商场	2999	150
一体机	C商场	8799	60
超级本	C商场	5888	100
电冰箱	B商场	8688	30
电视机	D商场	4899	35
洗衣机	C商场	3288	40
热水器	B商场	2899	35
空调	A商场	6699	52
电风扇	A商场	315	30
燃气灶	B商场	2999	50

6. 添加小数点数据

按Enter键确认即可完成数据修改，可以看到G4单元格和相关联的I4单元格也自动添加了小数点。

采购编号	采购单号	产品名称	供应商	采购单价（元）
2021001	采购A部2021001	笔记本	A商场	6888.35
2021002	采购A部2021002	台式机	D商场	4999.99
2021003	采购A部2021003	平板电脑	B商场	2999
2021004	采购A部2021004	一体机	C商场	8799
2021005	采购A部2021005	超级本	C商场	5888
2021006	采购A部2021006	电冰箱	B商场	8688
2021007	采购A部2021007	电视机	D商场	4899
2021008	采购A部2021008	洗衣机	C商场	3288
2021009	采购A部2021009	热水器	B商场	2899
2021010	采购A部2021010	空调	A商场	6699
2021011	采购A部2021011	电风扇	A商场	315
2021012	采购A部2021012	燃气灶	B商场	2999

采购计划表

7. 修改其他数据

使用相同的方法，依次修改其他采购单价，完成小数点数据的输入和修改，表格将自动显示修改后的数据效果。

采购计划表

产品名称	供应商	采购单价（元）	采购数量	采购总额（元）
笔记本	A商场	6888.35	80	551068
台式机	D商场	4999.99	50	249999.5
平板电脑	B商场	2999.88	150	449982
一体机	C商场	8799.99	60	527999.4
超级本	C商场	5888.88	100	588888
电冰箱	B商场	8688.55	30	260656.5
电视机	D商场	4899.35	35	171477.25
洗衣机	C商场	3288.55	40	131542
热水器	B商场	2899.45	35	101480.75
空调	A商场	6699.99	52	348399.48
电风扇	A商场	315.55	30	9466.5
燃气灶	B商场	2999.99	50	149999.5
				3540958.88

技巧拓展

使用上述方法设置的小数点是针对整张表格同时生效，如果只是设置工作表中一部分单元格的小数点，可以直接在"开始"选项卡中单击"增加小数位数"按钮 和"减少小数位数"按钮 进行快捷设置。

6.1.8 输入货币符号

在制作采购计划表时，为了更好地展示采购单价和采购总额列中的金额数据，需要为其添加上货币符号。其具体操作步骤如下。

1. 选择命令

在采购计划表中选择G3:G14单元格区域，右击，在弹出的快捷菜单中选择"设置单元格格式"命令。

2. 选择货币符号

❶在弹出的"设置单元格格式"对话框的"数字"选项卡的"分类"列表框中选择"货币"选项；❷单击右侧的"货币符号"下三角按钮；❸在弹出的菜单中选择需要的货币符号样式。

3. 添加货币符号

单击"确定"按钮，即可完成为采购单价数据添加货币符号。

采购计划表

产品名称	供应商	采购单价（元）	采购数量	采购总额（元）
笔记本	A商场	¥6,888.35	80	551068
台式机	D商场	¥4,999.99	50	249999.5
平板电脑	B商场	¥2,999.88	150	449982
一体机	C商场	¥8,799.99	60	527999.4
超级本	C商场	¥5,888.88	100	588888
电冰箱	B商场	¥8,688.55	30	260656.5
电视机	D商场	¥4,899.35	35	171477.25
洗衣机	C商场	¥3,288.55	40	131542
热水器	B商场	¥2,899.45	35	101480.75
空调	B商场	¥6,699.99	52	348399.48
电风扇	A商场	¥315.55	30	9466.5
燃气灶	B商场	¥2,999.99	50	149999.5
				3540958.88

4. 添加货币符号

使用相同的方法完成采购总额的货币符号添加。

购计划表

供应商	采购单价（元）	采购数量	采购总额（元）
A商场	¥6,888.35	80	¥551,068.00
D商场	¥4,999.99	50	¥249,999.50
B商场	¥2,999.88	150	¥449,982.00
C商场	¥8,799.99	60	¥527,999.40
C商场	¥5,888.88	100	¥588,888.00
B商场	¥8,688.55	30	¥260,656.50
D商场	¥4,899.35	35	¥171,477.25
C商场	¥3,288.55	40	¥131,542.00
B商场	¥2,899.45	35	¥101,480.75
A商场	¥6,699.99	52	¥348,399.48
A商场	¥315.55	30	¥9,466.50
B商场	¥2,999.99	50	¥149,999.50
			¥3,540,958.88

技巧拓展

除了上述方法可以添加货币符号以外，用户还可以选择需要添加货币符号的单元格区域，在"开始"选项卡中，单击"数字格式"下三角按钮，在弹出的菜单中选择"货币"命令。

6.1.9 自动转换大写金额

在制作采购计划表时，除了输入数字金额外，有时还需要输入大写金额，如果每次都将原有的数字金额删除，再重新输入大写金额，会非常浪费时间，此时可以使用"设置单元格格式"功能下的"特殊"功能自动将数字金额转换成大写金额。其具体操作步骤如下。

1. 选择命令

❶在采购计划表中选择I15单元格；❷右击，在弹出的快捷菜单中选择"设置单元格格式"命令。

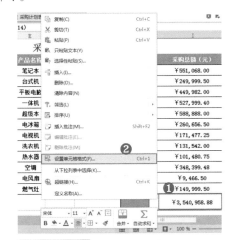

2. 设置参数

❶弹出"单元格格式"对话框，在"数字"

选项卡的"分类"列表框中，选择"特殊"选项；❷在右侧"类型"列表框中选择"人民币大写"选项；❸单击"确定"按钮。

技巧拓展

WPS 表格中的转换功能十分强大，在输入数字后，除了转换成大写金额外，还可以转换成小写金额。选择需要转换为小写金额的单元格，右击，在弹出的快捷菜单中选择"设置单元格格式"命令，在弹出的"设置单元格格式"对话框中，选择左侧列表框中的"特殊"选项，在右侧列表框中，选择"中文小写数字"选项，单击"确定"按钮，即可将数字自动转换为小写金额。

3. 将数据转换成大写金额

将选择的数据自动转换成大写金额并查看转换后的数据效果。

采购计划表				
产品名称	供应商	采购单价（元）	采购数量	采购总额（元）
笔记本	A商场	￥6,888.35	80	￥551,068.00
台式机	D商场	￥4,999.99	50	￥249,999.50
平板电脑	B商场	￥2,999.88	150	￥449,982.00
一体机	C商场	￥8,799.99	60	￥527,999.40
超级本	C商场	￥5,888.88	100	￥588,888.00
电冰箱	B商场	￥8,688.55	30	￥260,656.50
电视机	B商场	￥4,899.35	35	￥171,477.25
洗衣机	C商场	￥3,288.55	40	￥131,542.00
热水器	B商场	￥2,899.45	35	￥101,480.75
空调	A商场	￥6,699.99	52	￥348,399.48
电风扇	A商场	￥315.55	30	￥9,466.50
燃气灶	B商场	￥2,999.99	50	￥149,999.50
				壹佰伍拾肆万零伍佰肆拾玖圆肆角捌分

6.1.10 选择性粘贴

WPS 表格中的"选择性粘贴"功能十分强大，不仅可以进行数据或公式的复制粘贴操作，还可以对复制的数据进行加、减、乘以及除的运算。具体操作步骤如下。

1. 打开工作簿

单击快速访问工具栏中的"打开"按钮，打开相关素材中的"素材\第6章\增加采购数量.xlsx"工作簿。

增加商品采购数量	
产品名称	采购数量
笔记本	30
台式机	25
平板电脑	35
一体机	15
超级本	30
电冰箱	40
电视机	50
洗衣机	40
热水器	55
空调	35
电风扇	50
燃气灶	35

2. 复制数据

❶在打开的工作表中选择B3:B14单元格区域；❷右击，在弹出的快捷菜单中选择"复制"命令复制数据。

3. 选择命令

❶切换回"采购计划表"，选择H3单元格；
❷单击"开始"选项卡中的"粘贴"下三角按钮；❸在弹出的菜单中选择"选择性粘贴"命令。

4. 选中单选按钮

❶在弹出的"选择性粘贴"对话框"运算"选项区中选中"加"单选按钮；❷单击"确定"按钮。

在"选择性粘贴"对话框的"运算"选项区中，选中"减"单选按钮，即可计算出相减后的数据；选中"乘"单选按钮，即可计算出乘积数据；选中"除"单选按钮，即可计算出除法数据；如果不进行四则运算，则可以选中"无"单选按钮。

5. 选择性粘贴加法操作

完成选择性粘贴加法操作后表格中的采购数量和采购总额数据将随之发生变化。

采购单价（元）	采购数量	采购总额（元）
￥6,888.35	110	￥757,718.50
￥4,999.99	75	￥374,999.25
￥2,999.88	185	￥554,977.80
￥8,799.99	75	￥659,999.25
￥5,888.88	130	￥765,554.40
￥8,688.55	70	￥608,198.50
￥4,899.35	85	￥416,444.75
￥3,288.55	80	￥263,084.00
￥2,899.45	90	￥260,950.50
￥6,699.99	87	￥582,899.13
￥315.55	80	￥25,244.00
￥2,999.99	85	￥254,999.15
		伍佰伍拾贰万伍仟零陆拾玖元贰角叁分

6.2 排序与筛选——项目成本分析

项目成本是指项目形成全过程所耗用的各种费用的总和，是项目从启动、计划、实施及控制，到项目交付收尾的整个过程中所有的费用支出；而项目成本分析则是用来分

析和记录各项项目成本所花费的数据。完成本例，需在WPS 表格中进行输入与显示不同文本、突出显示数据取消单元格的自动换行、防止录入重复的数据、限制在单元格中的输入、用标题行进行筛选以及按指定进行多重分类汇总等操作。

6.2.1 输入与显示不同文本

在项目成本分析表中输入不同的项目，使它们区别显示，在输入时通过设置“条件格式”的“突出显示单元格规则”中的“文本包含”命令来操作。其具体操作步骤如下。

1. 打开工作簿

单击快速访问工具栏中的“打开”按钮，打开相关素材中的“素材\第6章\项目成本分析表.xlsx”工作簿。

项目生产成本分析表

项目名称	项目部门	土地费用（元）	材料费（元）	人工费（元）	器材费（元）	项目管理费用（元）
诚信小区		151200.00	65500.50	605600.60	49126.40	104086.50
万鑫小区		261000.00	183376.58	681745.57	54972.62	99573.23
花都小区		315200.00	60938.00	653730.28	52066.06	89370.42
蓝湾小区		165200.00	56464.76	684560.76	52994.13	85604.92
万雅小区		264150.00	100277.17	634560.00	52994.00	79804.00
华信小区		342500.00	65715.17	576210.00	49880.50	70600.80
成都府小区		160000.00	62484.97	524560.76	49994.13	68904.92
华满庭小区		190000.00	54934.78	680000.50	52800.50	85804.92

2. 选择单元格区域

在工作表中单击并拖曳，选择B2：B14单元格区域。

项目生产成本分析表

项目名称	项目部门	土地费用（元）	材料费（元）	人工费（元）	器材费（元）
诚信小区		151200.00	65500.50	605600.60	49126.40
万鑫小区		261000.00	183376.58	681745.57	54972.62
花都小区		315200.00	60938.00	653730.26	52066.06
蓝湾小区		165200.00	56464.76	684560.76	52994.13
万雅小区		264150.00	100277.17	634560.00	52994.00
华信小区		342500.00	65715.17	576210.00	49880.50
成都府小区		160000.00	62484.97	524560.76	49994.13
华满庭小区		190000.00	54934.78	680000.50	52800.50
紫金香小区		330000.00	58540.70	564560.76	45994.13
郁金香小区		198500.00	111900.51	674560.00	53994.00
和园小区		350000.00	146304.71	504565.00	42994.10
梨园小区		330000.00	269818.73	684560.50	52990.50

3. 选择命令

❶在“开始”选项卡中，单击“条件格式”下三角按钮，❷在弹出的菜单中选择 “突出显示单元格规则”选项，❸在弹出的子菜单中选择“文本包含”命令。

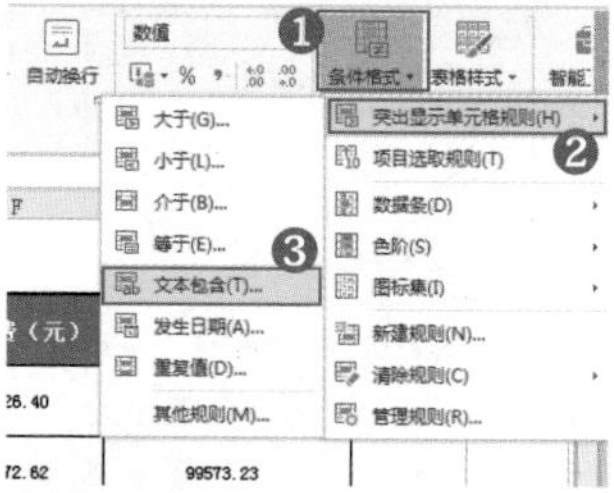

4. 设置参数

在弹出的“文本中包含”对话框的“为包含以下文本的单元格设置格式”文本框中输入“项目1部”文本。

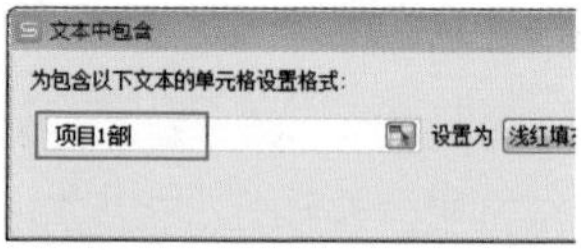

5. 选择选项

❶单击"设置为"右侧下三角按钮，❷在弹出的菜单中选择"绿填充色深绿色文本"选项。

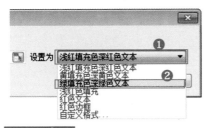

6. 设置参数

❶完成填充颜色的设置，❷然后在"文本中包含"对话框中，单击"确定"按钮。

7. 选择命令

❶保持B2:B14单元格区域的选中状态，在"开始"选项卡中单击"条件格式"下三角按钮；❷在弹出的菜单中选择"突出显示单元格规则"选项；❸在弹出的子菜单中选择"文本包含"命令。

8. 设置参数

❶弹出"文本中包含"对话框，在"为包含以下文本的单元格设置格式"文本框中输入"项目2部"文本；❷单击"设置为"右侧下三角按钮，在弹出的菜单中选择"浅红色填充深红色文本"选项；❸单击"确定"按钮。

技巧拓展

WPS表格中的"文本包含"功能十分强大，使用该功能除了可以将文本包含范围内的单元格标记出来以外，还可以将文本包含范围以外的单元格标记出来。

9. 输入数据

选择B3单元格，输入"项目1部"文本，即可查看输入后的文本以浅绿色底纹显示。

10. 输入数据

选择B4单元格，输入"项目2部"文本，即可查看输入后的文本以浅红色底纹显示。

11. 突出显示文本

使用相同的方法完成B5：B14单元格区域的数据输入，输入的数据将自动以不同的方式，显示出单元格文本效果。

	项目名称	项目部门	土地费用（元）	材料费（元）	人工费（元）
1			项目生产成本分析		
3	诚信小区	项目1部	151200.00	65500.50	605600.60
4	万鑫小区	项目2部	261000.00	183376.58	681745.57
5	花都小区	项目1部	315200.00	60938.00	653730.28
6	蓝湾小区	项目2部	165200.00	56464.76	684560.76
7	万雅小区	项目2部	264150.00	100277.17	634560.00
8	华信小区	项目2部	342500.00	65715.17	576210.00
9	成都府小区	项目2部	160000.00	62484.97	524560.76
10	华美庭小区	项目1部	190000.00	54934.78	680000.50
11	紫金香小区	项目1部	330000.00	58540.70	564560.76
12	郁金香小区	项目2部	198500.00	111900.51	674560.00
13	和园小区	项目2部	350000.00	146304.71	504565.00
14	梨园小区	项目2部	330000.00	269818.73	684560.50

6.2.2 突出显示数据

在制作项目成本分析表时，为了突出显示大于或等于一定范围的数据，可以使用"条件格式"实现。使用条件格式可以帮助用户直观地查看和分析数据。其具体操作步骤如下。

1. 选择单元格区域

在"项目成本分析"工作表中，单击并拖曳，选择C3:G14单元格区域。

土地费用（元）	材料费（元）	人工费（元）	器材费（元）	项目管理费用（元）
151200.00	65500.50	605600.60	49126.40	104066.50
261000.00	183376.58	681745.57	54972.62	99573.23
315200.00	60938.00	653730.28	52066.06	89370.42
165200.00	56464.76	684560.76	52994.13	85604.92
264150.00	100277.17	634560.00	52994.00	79604.00
342500.00	65715.17	578210.00	49880.50	70600.80
160000.00	62484.97	524560.76	49994.13	68904.92
190000.00	54934.78	680000.50	52800.50	85604.92
330000.00	58540.70	564560.76	45994.13	55804.92
198500.00	111900.51	674560.00	53994.00	88804.90
350000.00	146304.71	504565.00	42994.10	55904.92
330000.00	269818.73	684560.50	52990.50	85800.50

2. 选择命令

❶在"开始"选项卡中，单击"条件格式"下三角按钮，❷在弹出的菜单中选择"突出显示单元格规则"选项，❸在弹出的子菜单中选择"其他规则"命令。

3. 选择选项

❶弹出"新建格式规则"对话框，选择"只为包含以下内容的单元格设置格式"选项；❷在"编辑规则说明"选项区中，单击"介于"下三角按钮；❸在弹出的菜单中选择"大于或等于"选项。

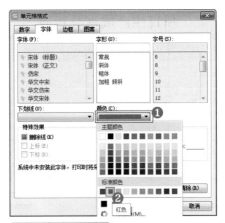

4. 设置参数

❶展开"大于或等于"文本框，并在文本框中输入数字390000；❷单击"格式"按钮。

> 在"介于"列表框中包含有"介于""未介于""等于""不等于""大于""小于""大于或等于"以及"小于或等于"多种数值范围选项，选择不同的选项，可以查看和分析出不同范围内的数据。

5. 选择字体颜色

❶弹出"单元格格式"对话框，在"字体"选项卡中，单击"颜色"下三角按钮；❷在弹出的菜单中选择"红色"颜色。

6. 选择底纹颜色

❶切换到"图案"选项卡，在"单元格底纹"选项区中选择"黄色"颜色；❷单击"确定"按钮。

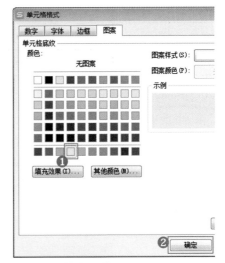

7. 突出显示数据

返回到"新建格式规则"对话框，单击"确定"按钮，即可突出显示大于或等于390000，并在表格中查看效果。

项目生产成本分析表

土地费用（元）	材料费（元）	人工费（元）	器材费（元）
151200.00	65500.50	605600.60	49126.40
261000.00	183376.58	681745.57	54972.62
315200.00	60938.00	653730.28	52066.06
165200.00	56464.76	684560.76	52994.13
264150.00	100277.17	634560.00	52994.00
342500.00	65715.17	576210.00	49880.50
160000.00	62484.97	524560.76	49994.13
190000.00	54934.78	680000.50	52800.50
330000.00	58540.70	564560.76	45994.13
198500.00	111900.51	674560.00	53994.00
350000.00	148304.71	504565.00	42994.10
330000.00	269818.73	684560.50	52990.50

技巧拓展

　　如需取消设置的规则，可以通过"条件格式"下拉列表框中的"清除规则"选项来操作，根据实际情况选择"清除所选单元格的规则"或"清除整个工作表的规则"选项。

6.2.3 取消单元格的自动换行

　　在项目生产成本分析表中，可查看到"项目名称"列是以双行显示，可以通过"设置单元格格式"中"对齐"方式取消单元格的自动换行，其具体操作步骤如下。

1. 选择命令

　　在"项目成本分析"工作表中，单击并拖曳，选择A2:A14单元格区域，右击，在弹出的快捷菜单中，选择"设置单元格格式"命令。

2. 取消选中复选框

❶在弹出的"单元格格式"对话框的"对齐"选项卡的"文本控制"选项区中，取消选中"自动换行"复选框；❷单击"确定"按钮。

3. 取消自动换行

取消选定单元格区域的自动换行，以单行形式显示，适当调整列宽后，查看取消单元格自动换行后的表格效果。

项目生产成本

项目名称	项目部门	土地费用（元）	材料费（元）
诚信小区	项目1部	151200.00	65500.50
万鑫小区	项目2部	261000.00	183376.58
花都小区	项目1部	315200.00	60938.00
蓝湾小区	项目2部	165200.00	58484.76
万雅小区	项目1部	264150.00	100277.17
华信小区	项目2部	342500.00	65715.17
成都府小区	项目2部	160000.00	62484.97
华满庭小区	项目1部	190000.00	54934.78
紫金香小区	项目1部	330000.00	58540.70
郁金香小区	项目2部	198500.00	111900.51
和园小区	项目2部	350000.00	146304.71
梨园小区	项目2部	330000.00	269818.73

技巧拓展

除了上述方法可以取消单元格的自动换行，还可以在"开始"选项卡中，单击"自动换行"按钮即可。

6.2.4　防止录入重复的数据

在工作表中输入数据时，常常会出现因为数据量庞大，导致重复内容的情况，通过"数据"选项卡的"拒绝录入重复项"功能，可防止录入重复的数据。其具体操作步骤如下。

1. 选择单元格区域和命令

❶在"项目成本分析"工作表中，单击并拖曳，选择G3:G14单元格区域；❷在"数据"选项卡中，单击"拒绝录入重复项"下三角按钮；❸在弹出的菜单中选择"设置"命令。

项目生产成本分析表

材料费（元）	人工费（元）	器材费（元）	项目管理费用（元）
65500.50	605600.60	49126.40 ❶	104086.50
183376.58	661745.57	54972.62	99573.23
60938.00	653730.28	52066.06	89370.42
58484.76	684560.76	52994.13	85604.92
100277.17	634560.00	52994.00	79804.00
65715.17	576210.00	49880.50	70600.80
62484.97	524560.76	49994.13	68904.92
54934.78	680000.50	52800.50	85804.92
58540.70	564560.76	45994.13	55804.92
111900.51	674560.00	53994.00	88804.90
146304.71	504565.00	42994.10	55904.92
269818.73	684560.50	52990.50	85800.50

2. 单击按钮

弹出"拒绝重复输入"对话框，保持默认的单元格区域选择，单击"确定"按钮。

3. 输入数据

选择G4单元格，输入与G3单元格相同数据104086.5。

器材费（元）	项目管理费用（元）
49126.40	104086.50
54972.62	104086.5
52066.06	89370.42

4. 提示数据输入重复

按Enter键确认输入，弹出提示对话框，提示数据内容输入重复。

器材费（元）	项目管理费用（元）
49126.40	104086.50
54972.62	104086.5
52066.06	
52994.13	
52994.00	79804.70

⚠ **拒绝重复输入**
当前输入的内容，与本区域的其他单元格内容重复。
再次[Enter]确认输入。

技巧拓展

除了上述方法可以限制输入重复数据外，用户还可以在"数据"选项卡下，单击"有效性"下三角按钮，在弹出的菜单中选择"有效性"命令，弹出"数据有效性"对话框，在"允许"列表框中选择"自定义"选项，在下方的文本框中输入公式"=COUNTIF（G：G，G3）=1"即可。

6.2.5 限制在单元格中的输入

在制作项目成本分析表时，如果需要限定在"土地费用"列单元格中只能输入"数值"，则可以通过"数据"选项卡的"有效性"功能来进行设置，其具体操作步骤如下。

1. 选择单元格区域和命令

❶在"项目成本分析"工作表中，单击并拖曳，选择C3:C14单元格区域；❷在"数据"选项卡下，单击"有效性"下三角按钮；❸在弹出的菜单中选择"有效性"命令。

有效性(V)
圈释无效数据(I)
清除验证标识圈(R)

151200

项目生产成本分析表

土地费用（元）	材料费（元）	人工费（元）	器材费（元）
151200.00	65500.50	605600.60	49126.40
261000.00	183376.58	681745.57	54972.62
315200.00	60938.00	853730.28	52066.06
165200.00	56464.76	684560.76	52994.13
264150.00	100277.17	634560.00	52994.00
342500.00	65715.17	576210.00	49880.50
160000.00	62484.97	524560.76	49994.13
190000.00	54934.78	680000.50	52800.50
330000.00	58540.70	564560.70	45994.13
198500.00	111900.51	674560.00	53994.00
350000.00	146304.71	504565.00	42994.10
330000.00	269818.73	684560.50	52990.50

2. 选择选项

❶弹出"数据有效性"对话框，在"设置"

选项卡中的"有效性条件"选项区中，单击"允许"下三角按钮，❷选择"小数"选项。

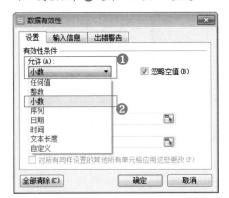

3. 选择选项

❶单击"数据"下三角按钮；❷在弹出的菜单中选择"介于"选项。

4. 设置参数

在"最小值"文本框中输入100000，在"最大值"文本框中输入360000。

5. 设置参数

❶切换到"输入信息"选项卡，在"标题"文本框中输入"限制输入"文本；❷在"输入信息"文本框中输入"请输入100000-360000之间的数据"。

6. 选择选项

❶切换至"出错警告"选项卡，单击"样式"下三角按钮；❷在弹出的菜单中选择"警告"选项。

7.设置参数

❶在"标题"文本框中输入"限制输入"文本，在"错误信息"文本框中选择"输入数据不正确"选项；❷单击"确定"按钮。

8.查看设置效果

完成单元格中小数数据的限制输入，并单击"土地费用"列中任意单元格，弹出选定单元格的提示信息。

项目部门	土地费用（元）	材料费（元）
项目1部	264150.00	100277.17
项目1部	限制输入 请输入 100000~ 360000之 间的数据	65500.50
项目1部		60938.00
项目1部	330000.00	58540.70

9.提示输入数据不正确

选择C5单元格，输入数据400000，按Enter键确认输入，弹出提示对话框，提示输入数据不正确，需要重新输入数据。

项目2部	261000.00	163376.58	681
项目1部	400000	60938.00	65
项目2部	限制输入 输入数据不正确		
项目1部	360000之 间的数据	100277.17	634
项目2部	342500.00	65715.17	576
项目2部	160000.00	62484.97	524

当不希望单元格中显示已设置的数据有效性时，可以将它删除。在"数据"选项卡中，单击"有效性"下三角按钮，在弹出的菜单中选择"有效性"命令，弹出"数据有效性"对话框，单击"全部清除"按钮即可。

6.2.6 指定进行排序

在项目成本分析表中，将表格中数据按照"材料费"降序排列，可以通过"数据"选项卡中的"排序"功能来实现操作，其具体操作步骤如下。

1.选择单元格区域并单击按钮

❶在"项目成本分析"工作表中，单击并拖曳，选择A3:G14单元格区域；❷在"数据"选项卡中单击"排序"按钮。

项目名称	项目部门	土地费用（元）	材料费（元）	人工费（元）	器材费（元）	项目管理费用
诚信小区	项目1部	151200.00	65500.50	605600.60	49126.40	104086.50
万嘉小区	项目2部	261000.00	163376.58	681746.57	54972.62	99572.23
花都小区	项目1部	315200.00	60938.00	653730.28	52066.06	89370.42
蓝湖小区	项目1部	165200.00	58464.76	604560.76	52994.13	85604.92
万科小区	项目2部	264150.00	100277.17	624500.00	52994.00	79604.00
华信小区	项目1部	342500.00	65715.17	576210.00	49880.50	70600.00
成都府小区	项目2部	160000.00	62484.97	524560.76	49994.13	58904.92

2.设置列

❶弹出"排序"对话框，在"列"中单击"主要关键字"下三角按钮；❷在弹出的菜单中选择"列D"选项。

技巧拓展

除了上述方法可以弹出"排序"对话框外，还可以在"开始"选项卡中，单击"排序"下三角按钮，在弹出的菜单中选择"自定义序列"命令即可弹出。

3. 设置次序

❶保持"排序依据"为"数值"，单击"次序"下三角按钮；❷在弹出的菜单中选择"降序"选项。

4. 完成操作

单击"确定"按钮即可完成以"材料费"的"降序"序列进行排序，并可以查看排序后的表格效果。

项目生产成本分析表

项目名称	项目部门	土地费用（元）	材料费（元）	人工费（元）	器材费（元）	项目管理费用（元）
梨园小区	项目2部	330000.00	269818.73	684560.50	52990.50	85800.50
万鑫小区	项目2部	261000.00	183376.58	681745.57	54972.62	99573.23
和园小区	项目2部	350000.00	146304.71	504565.00	42994.10	55904.92
郁金香小区	项目2部	198500.00	111900.51	674560.00	53994.00	88804.90
万雅小区	项目1部	264150.00	100277.17	634560.00	52994.00	79804.00
华信小区	项目2部	342500.00	65715.17	576210.00	49880.50	70600.80
诚信小区	项目1部	151200.00	65500.50	605600.60	49126.40	104086.50
成都府小区	项目2部	180000.00	62484.97	524560.76	49994.13	68904.92
花都小区	项目1部	315200.00	60938.00	653730.28	52066.06	89370.42
紫金香小区	项目1部	330000.00	58540.70	564560.76	45994.13	55804.92
蓝湾小区	项目2部	165200.00	58464.76	684560.76	52994.13	85604.92
华薇庭小区	项目1部	190000.00	54934.78	680000.50	52800.50	85804.92

技巧拓展

除了上述方法可以对数据进行排序，还可以在"开始"选项卡中，单击"排序"下三角按钮，在弹出的菜单中选择"升序"或"降序"命令直接进行排序。

6.2.7 用标题行进行筛选

数据筛选功能可以在工作表中有选择性地显示满足条件的数据。在制作项目成本分析表时，可以为数据开启"筛选"功能，并通过标题行依次筛选出指定数据内容。用标题行进行筛选的具体操作步骤如下。

1. 单击按钮

在"项目成本分析"工作表中，单击并拖曳，选择A2:G14单元格区域，在"数据"选项卡中，单击相应面板中的"自动筛选"按钮。

2. 开启筛选功能

完成开启筛选功能，并在每个标题单元格的右下角出现一个下三角按钮。

项目生产成本分析表

项目名称	项目部门	土地费用（元）	材料费（元）	人工费（元）	器材费（元）	项目管理费用（元）
梨园小区	项目2部	330000.00	269818.73	684560.50	52990.50	85800.50
万鑫小区	项目2部	261000.00	183376.58	681745.57	54972.62	99573.23
和园小区	项目2部	350000.00	146304.71	504565.00	42994.10	55904.92
郁金香小区	项目2部	198500.00	111900.51	674560.00	53994.00	88804.90
万福小区	项目1部	264150.00	100277.17	634560.00	52994.00	79804.00
华信小区	项目2部	342500.00	65715.17	576210.00	49680.50	70600.80
诚信小区	项目1部	151200.00	65500.50	605600.60	49125.40	104086.50
成都府小区	项目2部	160000.00	62484.97	524560.76	49994.13	68904.92

3. 设置筛选条件

❶ 单击"项目名称"所在单元格的下三角按钮，在弹出的菜单中取消选中"全选"复选框，选中"成都府小区"复选框；❷ 单击"确定"按钮。

4.显示筛选结果

显示出"成郡府小区"筛选结果，并查看表格效果。

5.取消筛选

❶单击"项目名称"所在单元格的下三角按钮，在弹出的菜单中选择"清空条件"选项；❷单击"确定"按钮，即可取消筛选操作。

6.单击颜色按钮

❶单击"项目部门"所在单元格的下三角

按钮；❷在弹出的菜单中切换到"颜色筛选"选项；❸单击"粉红色"颜色按钮。

7.通过颜色筛选数据

完成通过颜色筛选数据并显示出筛选结果。

项目生产成本分析表				
项目名称	项目部门	土地费用（元）	材料费（元）	人工费（元）
梨园小区	项目2部	330000.00	269818.73	684560.50
万鑫小区	项目2部	261000.00	183376.58	681745.57
和园小区	项目2部	350000.00	146304.71	504565.00
郁金香小区	项目2部	198500.00	111900.51	674560.00
华信小区	项目2部	342500.00	65715.17	576210.00
成郡府小区	项目2部	160000.00	62484.97	524560.76
蓝湾小区	项目2部	165200.00	56464.76	684560.76

技巧拓展

除了上述方法可以筛选数据，还可以在"开始"选项卡中，单击"筛选"下三角按钮，在弹出的菜单中选择"筛选"命令即可。

6.2.8 筛选同时满足多个条件的记录

在项目成本分析表中，筛选出同时满足所有费用">=50000"的数据记录，通过对

数据表格采取"高级筛选"的方法，才能筛选出同时满足多个条件的数据。在使用高级

筛选时，要求在工作表中无数据的地方指定一个区域用于存放筛选条件。其具体操作步骤如下。

1. 单击按钮

在项目成本分析表中，单击工作表标签上的"新建"按钮。

2. 输入文本内容

新建Sheet1工作表，在工作表中快速输入相应的文本内容。

3. 选择命令

❶切换回"项目成本分析"工作表，选择A2：G14单元格区域，在"开始"选项卡中单击"筛选"下三角按钮；❷在弹出的菜单中选择"高级筛选"命令。

4. 设置筛选条件

❶弹出"高级筛选"对话框，在"方式"中选中"将筛选结果复制到其他位置"单选框；❷单击"条件区域"右侧按钮。

技巧拓展

如果需要在原有区域位置中显示筛选结果，则可以在"高级筛选"对话框中，选中"在原有区域显示筛选结果"单选按钮即可。

5. 选择条件区域

再次弹出"高级筛选"对话框，切换至Sheet1工作表，选择A2：E2单元格区域。

6. 选择复制到区域

按Enter键确认，返回到"高级筛选"对话框，单击"复制到"右侧按钮，在Sheet1工作表中选择A5单元格。

7. 设置筛选条件

❶返回到"高级筛选"对话框，选中"扩展结果区域，可能覆盖原有数据"复选框；❷单击"确定"按钮。

8. 显示筛选结果

将同时满足多个条件的数据记录筛选出来，并可以查看筛选结果的效果。

6.2.9　对特定区域进行筛选

在项目生产成本分析表中，使用"筛选"功能，筛选出"材料费"在60000～150000之间的数据记录，其具体操作步骤如下。

1. 选择命令

❶在项目成本分析表中，选择A2:G14单元格区域，单击"自动筛选"按钮，开启筛选功能，然后单击"材料费"单元格的下三角按钮；❷在弹出菜单中单击"数字筛选"图标；❸在弹出的菜单中选择"介于"命令。

2. 设置筛选条件

❶弹出"自定义自动筛选方式"对话框，在"大于或等于"右侧文本框中输入60000，选中"与"单选按钮，在"小于或等于"右侧文本框中输入150000；❷单击"确定"按钮。

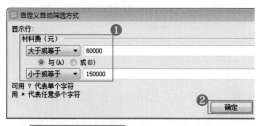

3. 显示筛选结果

完成对60000～150000特定区域的数据进行筛选，并显示出筛选结果。

项目生产成本分析表

项目名称	项目部门	土地费用（元）	材料费（元）	人工费（元）	器材费（元）	项目管理费用（元）
和园小区	项目2部	350000.00	146304.71	504595.00	42994.10	99904.92
紫金香小区	项目1部	198500.00	111900.51	634560.00	52994.00	80804.90
万福小区	项目1部	264150.00	100277.17	634560.00	52994.00	79804.00
华满庭小区	项目1部	342500.00	66715.17	576230.00	49860.50	70600.80
诚信小区	项目1部	151200.00	65500.50	605600.60	49128.40	104006.50
成都市小区	项目3部	160000.00	52484.97	524560.76	49994.13	60904.92
花都小区	项目1部	315200.00	60938.00	653730.28	52066.06	69370.42

技巧拓展

在对特定区域进行筛选时，需要注意在"自定义自动筛选方式"设置参数时候，应该着重注意区分"与"与"或"条件。

6.2.10 按指定进行多重分类汇总

分类汇总是对数据清单中的数据进行管理的重要工具，可以快速汇总各项数据。在制作项目成本分析表时，可以使用"分类汇总"功能，按"项目部门"进行分类汇总。其具体操作步骤如下。

1. 升序排序

❶在项目成本分析表中，取消筛选操作，单击"项目部门"所在单元格的下三角按钮；❷单击左上角的"升序"按钮。

2. 单击按钮

❶完成排序操作，选择A2：G14单元格区域，在"数据"选项卡中单击"分类汇总"按钮。

3. 选择分类字段

❶弹出"分类汇总"对话框，单击"分类字段"下三角按钮；❷在弹出的菜单中选择"项目部门"选项。

4.设置其他参数

其他参数保持默认设置，单击"确定"按钮。

5.完成分类汇总

完成以项目部门的分类的汇总操作，并显示分类汇总的结果。

1 2 3		A	B	C	D	E	F	G
	1				项目生产成本分析表			
	2	项目名称	项目部门	土地费用（元）	材料费（元）	人工费（元）	器材费（元）	项目管理费用（元）
	3	万雅小区	项目1部	264150.00	100277.17	834560.00	52994.00	79804.00
	4	诚信小区	项目1部	151200.00	65500.50	605600.60	49126.40	104086.50
	5	花都小区	项目1部	315200.00	60938.00	853730.28	52066.06	89370.42
	6	紫金香小区	项目1部	330000.00	58540.70	564560.76	45994.13	55804.92
	7	华满庭小区	项目1部	190000.00	54934.78	680000.50	52800.50	85804.92
	8		项目1部 汇总					414870.76
	9	梨园小区	项目2部	330000.00	269818.73	684560.50	52990.50	85800.50
	10	万鑫小区	项目2部	261000.00	183376.58	681745.57	54972.62	99573.23
	11	和园小区	项目2部	350000.00	146304.71	504565.00	42994.10	55904.92

项目生产成本分析表格　　Sheet1　＋

技巧拓展

需要注意的是在分类汇总之前，要先进行相关的排序操作，可以使分类汇总的显示更加实用。

第7章

07

WPS表格图表函数使用

WPS表格软件不仅可以制作表格，而且具有强大的计算功能，它既可以进行简单的代数运算，又可以使用预置的数学函数、财务函数和统计函数等多种类型的函数进行复杂的运算。在WPS表格软件编辑与计算的过程中，为了更清晰地看出数据的变化和发展趋势，可以用图表更加直观地展示数据。本章通过公司销售情况和员工绩效统计两个实操案例来介绍WPS表格中图表函数的使用方法。

数据透视表 ---- 数据透视图 ---- 图表应用 ---- 打印工作表 ---- 插入函数 ---- 计算公式

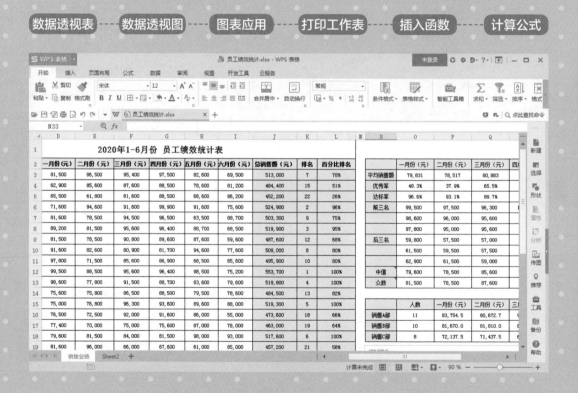

7.1 绘图与打印——公司销售情况

公司销售情况报表反映的是公司一段时间内的销售数据，是公司所有产品销售的明细表。完成本例，需在WPS 表格中进行创建数据透视表，为数据透视表添加字段，调整数据透视表布局，创建数据透视图，设置图表样式，为折线图的数据系列设置阴影效果，使用饼图展示各个产品销售额信息，工作表打印的常规页面设置，以及在每一页上都打印行标题或列标题等操作步骤。

7.1.1 根据需求创建数据透视表

数据透视表是数据汇总、优化数据显示和数据处理的强大工具。使用"数据透视表"功能可以快速创建出数据透视表，其具体的操作步骤如下。

1. 打开工作簿

单击快速访问工具栏中的"打开"按钮，打开相关素材中的"素材\第7章\某公司产品销售情况表.xlsx"工作簿。

2. 单击按钮

在工作表中单击并拖曳，选择A2:F14单元格区域，在"数据"选项卡中单击"数据透视表"按钮。

3. 设置放置位置

❶弹出"创建数据透视表"对话框，选中"现有工作表"单选按钮；❷单击文本框最右边的选择来源按钮。

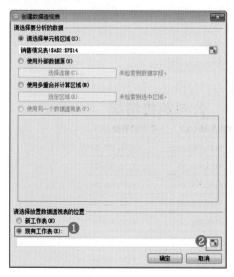

4. 选择放置位置

❶弹出"创建数据透视表"位置选择文本框，选择A18单元格；❷单击文本框右侧的向下按钮。

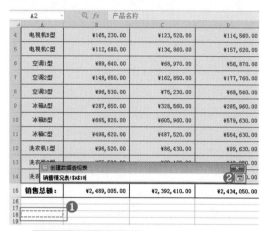

5. 创建数据透视表

返回到"创建数据透视表"对话框，单击"确定"按钮，即可完成数据透视表的创建。

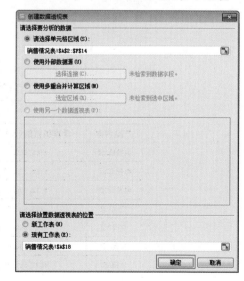

6. 查看数据透视表

完成数据透视表的创建后，可以查看创建后的表格效果。

技巧拓展

在选择放置位置的时候，可以在"创建数据透视表"对话框中，选中"新工作表"单选按钮，WPS表格在创建数据透视表时会自动新建一张表格，并将数据透视表放置到新建的工作表中。

7.1.2 为数据透视表添加字段

在数据透视表创建后，默认是空白的，可以根据需要为透视表添加字段，具体操作步骤如下。

1. 选择命令

在"某公司产品销售情况表"工作表中，选择数据透视表中的任意位置，右击，在弹出的快捷菜单中选择"显示字段列表"命令。

2. 选择字段

打开"数字透视表"窗口，在"字段列表"中，依次选中"一季度销售额""二季度销售额""三季度销售额""四季度销售额"和"年度销售额"复选框。

技巧拓展

默认情况下，"数据透视表"窗口是自动打开的，如果想取消自动打开，则可以在"分析"选项卡中，单击"字段列表"按钮，关闭"数据透视表"窗口。

3. 添加字段

为数据透视表添加字段，并查看添加字段后的透视表效果。

产品名称	求和项:一季度销售额(元)	求和项:二季度销售额(元)	求和项:三季度销售额(元)	求和项:四季度销售额(元)	求和项:年度销售额(元)
冰箱A型	287650	328560	285960	321650	1223820
冰箱B型	665820	605960	579630	678650	2530060
冰箱C型	498620	487520	554630	589640	2130410
电视机A型	185665	176520	201850	162520	726555
电视机B型	165230	123520	114560	95850	499160
电视机C型	112680	134860	157620	146530	551690
空调1型	89640	68970	56870	86300	301780
空调2型	148650	162850	177760	189650	678910
空调3型	96530	75230	68540	87560	327860
洗衣机1型	96520	86430	99630	102830	385410
洗衣机2型	55520	62130	48250	51260	217160
洗衣机3型	86480	79860	88750	89650	344740
总计	2489005	2392410	2434050	2602090	9917555

技巧拓展

在为数据透视表添加字段时,还可以通过快捷菜单,为添加的字段调整行标签或者列标签的位置。在"数据透视表"窗口中,右击字段复选框,打开快捷菜单,选择"添加到列标签"选项,即可将添加的字段调整为列标签。

7.1.3 调整数据透视表布局

创建数据透视表后,如果对创建的数据透视表结构不满意,还可以更改其布局。其具体操作步骤如下。

1. 选择命令

❶在"某公司产品销售情况表"工作表中,单击数据透视表的任意区域,在"设计"选项卡单击"报表布局"下三角按钮;❷在弹出的菜单中选择"以压缩形式显示"命令。

2. 以压缩形式显示报表布局

以压缩形式显示的数据透视表报表布局。

洗衣机2型	¥55,520.00	¥62,130.00	¥48,250.00
洗衣机3型	¥86,480.00	¥79,860.00	¥88,750.00
销售总额	¥2,489,005.00	¥2,392,410.00	¥2,434,050.00

行标签	求和项:一季度销售额(元)	求和项:二季度销售额(元)	求和项:三季度销售额(元)
冰箱A型	287650	328560	28596
冰箱B型	665820	605960	57963
冰箱C型	498620	487520	55463
电视机A型	185665	176520	20185
电视机B型	165230	123520	11456
电视机C型	112680	134860	15762
空调1型	89640	68970	568
空调2型	148650	162850	17776
空调3型	96530	75230	6854
洗衣机1型	96520	86430	9963
洗衣机2型	55520	62130	4825
洗衣机3型	86480	79860	8875
总计	2489005	2392410	243405

3.选择命令

❶在"设计"选项卡单击"报表布局"下三角按钮；❷在弹出的菜单中选择"以表格形式显示"命令。

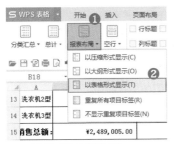

4.以表格形式显示布局

以表格形式显示数据透视表的报表布局。

	A	B	C
13	洗衣机2型	¥55,520.00	¥62,130.00
14	洗衣机3型	¥86,480.00	¥79,860.00
15	销售总额：	¥2,489,005.00	¥2,392,410.00
16			
17			
18	产品名称▼	求和项:一季度销售额(元)	求和项:二季度销售额(元)
19	冰箱A型	287650	328560
20	冰箱B型	665820	605960
21	冰箱C型	498620	487520
22	电视机A型	185665	176520
23	电视机B型	165230	123520
24	电视机C型	112680	134860
25	空调1型	89640	68970
26	空调2型	148650	162850
27	空调3型	96530	75230
28	洗衣机1型	96520	86430
29	洗衣机2型	55520	62130
30	洗衣机3型	86480	79860
31	总计	2489005	2392410
32			

技巧拓展

在数据透视表中添加与删除字段，同样可以调整数据透视表的布局。

7.1.4 创建数据透视图

通过创建数据透视图，能更加清晰直观地反映出数据效果。为销售数据创建数据透视图折线图图表的具体操作步骤如下。

1.选择单元格区域并单击按钮

❶在"某公司产品销售情况表"工作表中，单击并拖曳，选择数据透视表数据单元格区域；❷在"插入"选项卡中单击"数据透视图"按钮。

2.选择折线图图表

❶弹出"插入图表"对话框，在左侧列表框中，选择"折线图"选项；❷在右侧列表框中选择"带数据标记的折线图"图表样式；❸单击"确定"按钮。

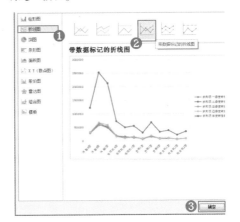

除了上述方法可以创建数据透视图外，还可以在选择数据透视表单元格区域后，在"分析"选项卡中，单击"数据透视图"按钮。

3. 创建数据透视图

完成数据透视图的创建并查看数据透视图折线图的效果。

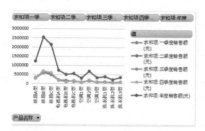

折线图主要用来表示数据的连续性和变化趋势，也可以显示相同时间间隔内数据的预测趋势。折线图主要包括折线图、堆积折线图、百分比堆积折线图、带数据标记的折线图、带数据标记的堆积折线图，以及带数据标记的百分比堆积折线图。

7.1.5 美化图表效果

数据透视图创建完毕后，可以通过WPS表格"图表工具"选项卡进行特色和个性化设置，完成图表效果的美化与编辑操作。其具体操作步骤如下。

1. 调整图表位置

在"某公司产品销售情况表"工作表中，选择透视图图表，将鼠标指针悬停在透视图图表

上，鼠标指针变成黑色十字箭头形状的时候，单击并拖曳到合适的位置。

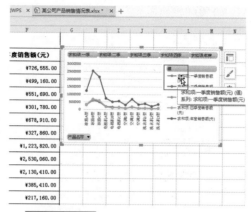

2. 调整大小

将鼠标指针移动到图表右下角边框上，鼠标指针变成双向箭头形状时，单击并拖曳，调整图表到合适大小即可。

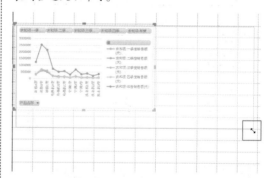

在移动图表的位置时，如果需要将图表移动至新工作表中，则可以在选择图表后，在"图表工具"选项卡中，单击"移动图表"按钮，弹出"移动图表"对话框，选中"新工作表"单选按钮，并单击"确定"按钮即可。

3. 选择颜色

❶在"图表工具"选项卡中单击"更改颜色"下三角按钮；❷在弹出菜单的"彩色"选项区中选择第三种颜色选项。

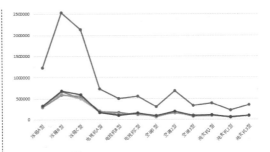

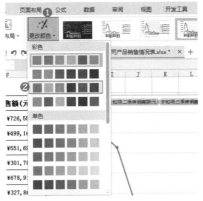

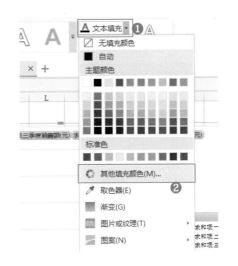

4. 更改图表颜色

更改图表的颜色并查看图表效果。

技巧拓展

"更改颜色"下拉列表中包含多种颜色选项，在更改颜色时，除了可以修改彩色的颜色外，也可以更改为单色的颜色。选择图表，在"设计"选项卡的"图表样式"面板中，单击"更改颜色"下三角按钮，展开"更改颜色"下拉列表，在"单色"选项区中，选择单色颜色选项即可。

7.1.6 为折线图的数据系列设置阴影效果

在制作数据透视表时可以通过工具栏中的"文本工具"设置图表中的文本数据的效果，具体操作步骤如下。

1. 选择命令

❶在"某公司产品销售情况表"工作表中，选择图表，在"文本工具"选项卡中单击"文本填充"下三角按钮；❷在弹出的菜单中选择"其他填充颜色"命令。

2.设置颜色参数

❶在"颜色"对话框的"自定义"选项卡中，设置颜色参数分别为100、250、250；❷单击"确定"按钮，完成文本颜色填充的更改。

技巧拓展

在更改文本的填充颜色时，在"文本填充"列表框中可以直接选择主题颜色和标准色进行设置；也可以选择"取色器"命令，通过在工作表中取色进行颜色更改；如果需要添加渐变色效果，则可以选择"渐变"命令；如果需要设置图片或纹理效果，则可以选择"图片或纹理"命令，在弹出的菜单中，选择图片或纹理效果。

3.选择文本轮廓颜色

❶在"文本工具"选项卡中单击"文本轮廓"下三角按钮；❷在弹出的菜单中选择"巧克力黄，着色2，浅色60%"颜色样式。

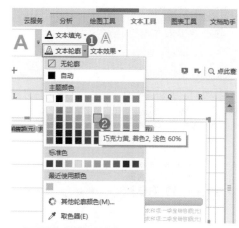

4.选择阴影样式

❶在"文本工具"选项卡中，单击"文本效果"下三角按钮；❷在弹出的菜单中选择"阴影"选项；❸在弹出的子菜单中选择"内部向下"样式。

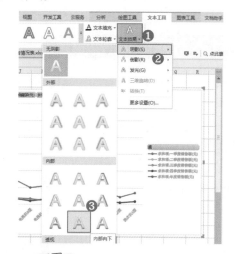

技巧拓展

"阴影"列表框中包含有"外部"和"内部"阴影效果，选择不同的阴影样式，可以得

到不同的阴影效果。

5.选择字体样式

❶保持图表的选择状态，在"开始"选项卡中，单击"字体"下三角按钮；❷在弹出的菜单中选择"宋体"样式。

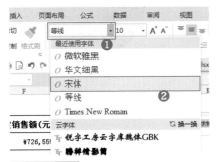

6.字号设置

❶在"开始"选项卡中，单击"字号"下三角按钮；❷在弹出的菜单中选择样式14。

7.查看效果

完成数据透视图图表的最终设置后，可以查看设置后的图表效果。

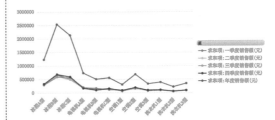

7.1.7 使用饼图展示各个产品销售额信息

使用饼图图表可以清晰地反映出各个产品在销售额中所占的份额。在销售情况表中制作饼图时，可以通过复制已设置好的透视图图表，然后通过"更改类型"的方式制作饼图，具体操作步骤如下。

1.复制图表

在"某公司产品销售情况表"工作表中，选择折线图图表，右击，在弹出的快捷菜单中，选择"复制"命令，即可复制图表。

2.选择命令

选择合适的位置，右击，在弹出的快捷菜单，选择"粘贴"命令。

	复制(C)	Ctrl+C
	剪切(T)	Ctrl+X
	粘贴(P)	Ctrl+V
	选择性粘贴(S)...	
	插入(I)...	
	删除(D)...	
	清除内容(N)	
	筛选(L)	▸
	排序(U)	▸
	插入批注(M)...	Shift+F2
	编辑批注(E)...	
	删除批注(M)	

3. 选择命令

选择"粘贴"命令后，即可粘贴图表，选择复制粘贴后的透视图图表，单击"图表工具"选项卡中的"更改类型"按钮。

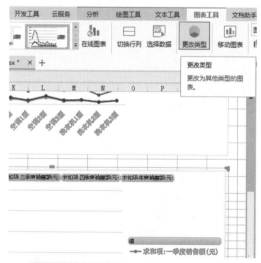

4. 选择饼图样式

❶在"更改图表类型"对话框的左侧列表框中选择"饼图"选项；❷在右侧的列表框选择"饼图"图表样式；❸单击"确定"按钮。

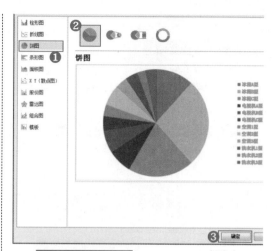

5. 更改图表样式

将图表更改为饼图图表后，选中饼图图表，在"图表工具"选项卡中的"样式"列表框中，选择"样式5"样式，即可更改图表样式。

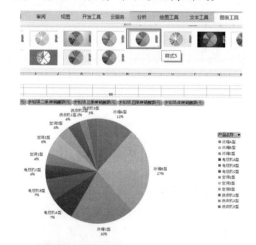

6. 更改图表颜色

❶保持图表的选中状态，在"图表工具"选项卡中单击"更改颜色"下三角按钮；❷在弹出的菜单中选择第4个颜色选项，即可更改图表颜色。

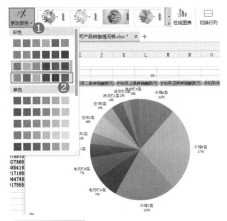

7.查看效果

完成饼图图表的创建后即可查看饼图展示的各个产品销售份额的图表效果。

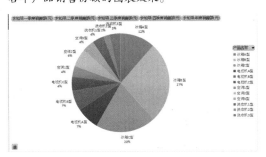

技巧拓展

如果要给图表单独添加标题，通过"图表工具"选项卡的"快速布局"下拉列表选择带标题的图表布局样式，然后通过选择标题，直接输入文本的方式即可。

7.1.8 工作表打印的常规页面设置

打印WPS表格文件时，通过"打印预览"查看到数据内容不在同一页上，可以通过WPS表格中的"页面缩放"按钮以及其他功能调整按钮，快速调整页面，具体操作步骤如下。

1.单击按钮

在"某公司产品销售情况表"工作表中，单击快速访问工具栏中的"打印预览"按钮。

2.查看打印效果

在弹出的"打印预览"界面，可以看到显示的打印页面并不完整。

3. 设置页面缩放

❶单击"打印预览"选项卡中的"页面缩放"下三角按钮；❷在弹出的菜单中选择"将整个工作表打印在一页"命令，即可设置打印页面的缩放比例。

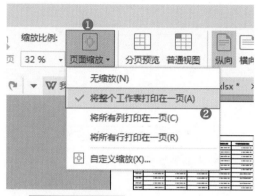

4. 调整打印方向

在"打印预览"选项卡中，单击"横向"按钮，即可完成打印方向调整。

5. 单击按钮

在"页面布局"选项卡下，单击"页面设置"按钮。

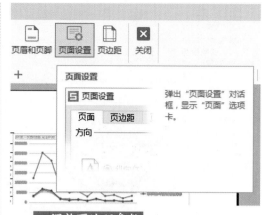

6. 调整页边距参数

❶在"页面设置"对话框中，切换到"页边距"选项；❷依次输入"上""下""左""右""页眉"和"页脚"边距的参数；❸在"居中方式"选项中依次选中"水平"和"垂直"复选框；❹单击"确定"按钮。

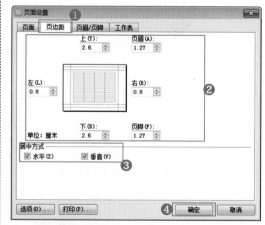

7. 完成设置

最终完成工作表的打印页面设置调整，并可以查看调整后的打印预览效果。

技巧拓展

　　在调整工作表的页边距时，可以直接单击"打印预览"选项卡中的"页边距"按钮，通过鼠标选中拖曳的方式手动调整工作表格的页边距。

7.1.9　在每一页上都打印行标题或列标题

　　在日常办公中，常会遇到数据多的大表格，存在多页工作表，可以通过设置为每一页都设置行标题或列标题，具体操作步骤如下。

1. 选择命令

　　❶在"某公司产品销售情况表"工作表中，单击"WPS表格"下三角按钮；❷在弹出的菜单中选择"文件"命令；❸在弹出的子菜单中选择"页面设置"命令。

2. 单击按钮

　　❶在"页面设置"对话框中，切换到"工作表"选项卡；❷单击"顶端标题行"文本框右侧的按钮。

3. 选择单元格

在"页面设置"对话框中选择工作表的A1单元格。

	公司销售情况		
产品名称	一季度销售额(元)	二季度销售额(元)	三季度销售额(元)	四季度
电视机A型	¥185,665.00	¥176,520.00	¥201,850.00	
电视机B型				
电视机C型				
空调1型	¥89,640.00	¥68,970.00	¥56,870.00	
空调2型	¥148,650.00	¥162,850.00	¥177,760.00	
空调3型	¥96,530.00	¥75,230.00	¥68,540.00	
冰箱A型	¥287,650.00	¥328,560.00	¥285,960.00	
冰箱B型	¥665,820.00	¥605,960.00	¥579,630.00	
冰箱C型	¥498,620.00	¥487,520.00	¥554,630.00	

4. 设置行标题

❶按Enter键，返回到"页面设置"对话框，在"顶端标题行"文本框中显示了引用的单元格；❷单击"确定"按钮，即可设置标题行。

技巧拓展

对于横向上多页的表格，使用同样的方法在"页面设置"中选择"左端标题列"的设置，即可以插入列标题。

7.1.10　只打印工作表的特定区域

在打印公司销售情况表格时，如果只需要打印数据透视表，可以通过设置"打印区域"来打印某一特定区域的工作表内容，具体操作步骤如下。

1. 选择打印区域

在"某公司产品销售情况表"工作表中，单击并拖曳，选择A18:F31单元格区域。

求和项:一季度销售额(元)	求和项:二季度销售额(元)	求和项:三季度销售额(元)	求和项:四季度销售额(元)	求和项:年度销售额(元)
¥86,480.00	¥79,860.00	¥88,750.00	¥89,650.00	¥344,740.00
¥2,489,005.00	¥2,392,410.00	¥2,434,050.00	¥2,602,090.00	¥9,917,555.00
287650	328560	285960	321650	1223820
665820	605960	579630	678650	2530060
498620	487520	554630	589640	2130410
185665	176520	201850	162520	726555
165230	123520	114560	95850	499160
112680	134860	157620	146530	551690
89640	68970	56870	86300	301780
148650	162850	177760	189650	678910
96530	75230	68540	87560	327860
96520	86430	99630	102830	385410
55520	62130	48250	51260	217160
86480	79860	88750	89650	344740
2489005	2392410	2434050	2602090	9917555

2. 选择命令

❶单击"WPS表格"下三角按钮；❷在弹出的菜单中选择"文件"命令；❸在弹出的子菜单中选择"打印区域"命令；❹在弹出的子菜单中选择"设置打印区域"命令。

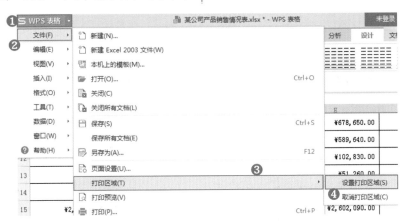

技巧拓展

除了上述方法可以设置打印区域，还可以选择需要打印的区域，在"页面布局"选项卡中单击"打印区域"下三角按钮，在弹出的菜单中选择"设置打印区域"命令。

3. 单击按钮

完成打印区域的设置，并在工作表的快速工具栏单击"打印预览"按钮。

4. 查看打印效果

进入"打印预览"界面并查看选择区域的数据打印效果。

产品名称	求和项:一季度销售额(元)	求和项:二季度销售额(元)	求和项:三季度销售额(元)	求和项:四季度销售额(元)
冰箱A型	287650	328560	285960	321650
冰箱B型	665820	605960	579630	678650
冰箱C型	498620	487520	554630	589640
电视机A型	185665	176520	201850	162520
电视机B型	165230	123520	114560	95850
电视机C型	112680	134860	157620	146530
空调1型	89640	68970	56870	86300
空调2型	148650	162850	177760	189650
空调3型	96530	75230	68540	87560
洗衣机1型	96520	86430	99630	102830
洗衣机2型	55520	62130	48250	51260
洗衣机3型	86480	79860	88750	89650
总计	2489005	2392410	2434050	2602090

技巧拓展

如果需要取消特定的打印区域，则可以在"页面布局"选项卡中单击"打印区域"下三角按钮，在弹出的菜单中选择"取消打印区域"命令。

7.2 公式与计算——员工绩效统计

员工绩效统计表格是公司各部门员工在一定时间段内工作绩效情况的反映。完成本例，需在WPS 表格中进行手动插入函数计算总销售额、对员工销售业绩排名次、计算员工业绩的百分比排名、计算每月平均销售额、使用组合函数计算每月销售员工的优秀率和达标率、计算出每月销售业绩的前三名和后三名、为单元格文本添加批注说明、计算销售的中值和众数、计算每月各部门人均业绩以及使用图标显示每个月各部门人均业绩情况等操作步骤。

7.2.1 手动插入函数计算总销售额

函数是一些预定义的公式，可以将其引入到工作表中进行简单或复杂的运算。在工作表中插入函数时，则可以通过"插入函数"对话框实现函数的手动插入，并通过插入的函数计算出总销售额。其具体操作步骤如下。

1. 打开工作簿

单击快速访问工具栏中的"打开"按钮，打开相关素材中的"素材\第7章\员工绩效统计表.xlsx"工作簿。

2. 单击按钮

在工作表中，选择J3单元格，在"公式"选项卡下，单击"插入函数"按钮。

3. 选择函数

❶在"插入函数"对话框的"选择函数"列表框中，选择SUM函数；❷单击"确定"按钮。

4. 单击按钮

在弹出的"函数参数"对话框中，单击"数值1"右侧的按钮。

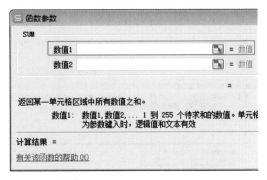

技巧拓展

工作表中的函数共有11类，分别是数据库函数、日期与时间函数、工程函数、信息函数、逻辑函数、查询和引用函数、数学和三角函数、统计函数、文本函数以及用户自定义函数。

5. 选择区域

❶弹出"函数参数"对话框，单击并拖曳，选择D3:I3单元格区域；❷在对话框中单击文本框右侧的按钮。

6. 设置函数参数

即可返回到"函数参数"对话框，完成函数参数的设置，单击"确定"按钮。

参数

数值1 D3:I3 = {81500, 86500, 95400, 97500, 8

数值2 = 数值

= 513000

一单元格区域中所有数值之和。

数值1: 数值1,数值2,... 1 到 255 个待求和的数值。单元格中的逻辑值和文本将被
为参数键入时,逻辑值和文本有效

果 = 513000

函数的帮助(0)   确定

7. 计算总销售额

返回到工作表中,即可完成插入函数并计算出结果。

× +

H	I	J
绩效统计表		

五月份（元）	六月份（元）	总销售额（元）
82,600	69,500	513,000
78,600	81,200	
68,600	86,200	
91,600	75,600	

8. 填充数据

选择J3单元格,当鼠标指针变成黑色十字形状时,单击并拖曳至J31单元格区域,释放鼠标左键,即可完成各个员工销售总额的计算。

2020年1-6月份 员工绩效统计表

技巧拓展

在插入函数时候,可以通过公式函数直接套用,也可以单个输入公式,选择J3单元格输入"=D3+E3+F3+G3+H3+I3"同样可以计算出结果。

7.2.2 对员工销售业绩排名次

在制作员工绩效统计表时,使用RANK函数可以为工作表中的销售业绩进行名次排列。RANK函数用于返回一个数值在一组数值中的排位。其具体操作步骤如下。

1.输入公式

❶在"员工绩效统计"工作表中,选择K3单元格;❷在编辑栏中输入公式"=RANK（J3,J$3：J$31，0）"。

G	H	I	J	K	L
88,500	78,600	81,200	484,400	15	
88,500	68,600	86,200	452,200	22	
99,900	91,600	75,600	524,900	2	
96,500	63,500	88,700	503,300	9	
96,400	88,700	68,500	519,900	3	
89,600	87,600	59,600	487,600	12	
81,700	94,600	77,600	509,000	8	
86,900	68,500	85,600	495,900	10	
96,400	98,600	75,200	553,700	1	
88,700	83,600	79,600	519,800	4	
88,500	79,500	78,600	484,500	13	
93,600	89,600	88,000	519,300	5	
91,600	86,000	55,000	473,600	18	
75,600	87,000	78,000	463,000	19	
81,500	98,000	93,000	517,600	6	
67,600	61,000	85,000	457,200	21	
101,600	68,150	69,000	484,450	14	
68,800	72,000	76,500	446,100	23	
76,000	57,000	84,000	475,300	16	
87,800	61,150	61,500	488,750	11	
82,600	66,000	76,000	474,900	17	
63,800	88,000	84,500	443,300	24	
60,100	79,000	61,500	380,600	29	
93,600	75,500	61,000	457,900	20	
55,800	60,000	85,000	416,800	26	
59,800	57,000	85,000	396,300	28	
64,600	88,000	60,500	413,200	27	
62,800	60,000	85,000	421,200	25	

2. 显示排名计算结果

按Enter键确认，并显示排名的计算结果，将鼠标指针移动到K3单元格右下角，此时指针变成黑色十字形状。

3. 计算所有员工排名

单击并拖曳至J31单元格区域，释放鼠标左键，即可完成所有员工销售业绩的名次计算，并查看计算结果。

技巧拓展

RANK函数是排名函数，最常用的是求某一个数值在某一区域内的排名。其语法表达式为：RANK（number，ref，[order]）。其中number为需要求排名的那个数值或者单元格名称（单元格内必须为数字）；ref为排名的参照数值区域；order的为0和1，默认不用输入，得到的就是从大到小的排名。

7.2.3　计算员工业绩的百分比排名

在制作员工绩效统计表中，可以通过公式的输入计算所有员工业绩所占百分比排位，其具体操作步骤如下。

1. 选择单元格并单击按钮

❶在"员工绩效统计"工作表中，选择L3单元格；❷在"公式"选项卡单击"插入函数"按钮。

2. 选择选项

❶弹出"插入函数"对话框，单击"常用函数"下三角按钮；❷在弹出的菜单中选择"统计"选项。

3. 选择函数

❶在"选择函数"列表框中选择PERCENTRANK函数；❷单击"确定"按钮。

4. 单击按钮

弹出"函数参数"对话框，单击"数组"右侧的按钮。

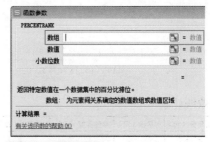

5. 选择数值区域

❶弹出"函数参数"对话框，单击并拖曳，选择J3：J31单元格区域；❷单击文本框右侧的按钮。

6. 设置参数值

❶返回到"函数参数"对话框，完成数值参数的添加；❷单击第2个"数值"右侧的按钮。

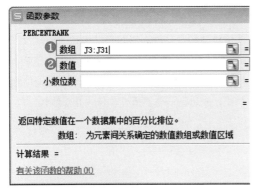

7. 选择数值单元格

❶弹出"函数参数"对话框，输入J3；❷单击文本框右侧的按钮。

8. 设置参数值

❶即可返回到"函数参数"对话框，完成数值参数的添加；❷选择"小数位数"文本框，输入数值2，按Enter键；❸单击"确定"按钮。

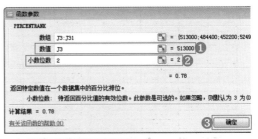

9. 计算百分比排名

计算出员工的百分比排名，并显示出计算结果。

六月份（元）	总销售额（元）	排名	百分比排名
69,500	513,000	7	78%
81,200	484,400	15	
86,200	452,200	22	
75,600	524,900	2	
88,700	503,300	9	
68,500	519,900	3	
59,600	487,600	12	
77,600	509,000	8	

10. 填充公式

将鼠标移动到L3单元格右下角。指针变成黑色十字形状，单击并拖曳至L31单元格区域，即可填充公式，完成所有员工的百分比排名计算。

五月份（元）	六月份（元）	单销售绩（元）	排名	百分比排名
82,600	69,600	512,000	7	78%
78,600	81,200	484,400	15	51%
68,600	86,200	482,200	22	28%
91,600	78,600	824,900	2	96%
62,600	88,700	802,300	9	78%
88,700	68,600	819,900	5	96%
87,600	88,600	487,600	12	58%
94,600	77,600	809,000	8	80%
68,600	88,600	496,900	10	80%
98,600	78,200	853,700	1	100%
83,600	78,600	819,800	4	100%
79,800	78,600	484,800	13	82%
89,600	88,000	819,300	5	100%
86,000	88,000	472,600	18	68%
87,000	78,000	463,000	19	54%
98,000	90,000	817,600	6	100%
61,000	88,000	487,200	21	58%
68,180	69,000	484,480	14	90%
72,000	78,600	446,100	23	60%
87,000	84,000	478,300	16	88%
61,180	61,800	488,780	11	100%
66,000	78,000	474,900	17	100%
88,000	84,800	463,300	24	83%
79,000	61,800	380,600	29	0%
78,800	61,100	487,900	20	100%
60,000	88,000	416,800	26	55%
97,000	88,000	396,300	28	0%
88,000	60,800	413,200	27	0%
60,000	88,000	421,200	28	100%

	一月份（元）	二
平均销售额		
优秀率		
进步率		
前五名		
后五名		
中位		
众数		

	人数	一
销售A部		
销售B部		
销售C部		

7.2.4 计算每月平均销售额

　　在制作员工绩效统计表时，为了计算出每月的平均销售额，可以使用AVERAGE函数实现。AVERAGE函数是WPS表格中的计算平均值函数。其具体的操作步骤如下。

1. 选择单元格并单击按钮

❶在"员工绩效统计"工作表中，选择O3单元格；❷在"公式"选项卡单击"插入函数"按钮。

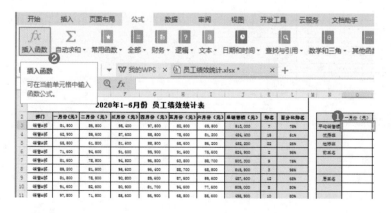

2. 选择函数

❶弹出"插入函数"对话框，在"常用函数"列表框中，选择"统计"选项；❷在"选择函数"列表框中，选择AVERAGE函数；❸单击"确定"按钮。

3. 单击按钮

弹出"函数参数"对话框，单击"数值1"右侧的按钮。

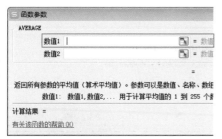

4. 选择数值区域

❶弹出"函数参数"对话框，单击并拖曳，选择D3：D31单元格区域；❷单击文本框右侧的按钮。

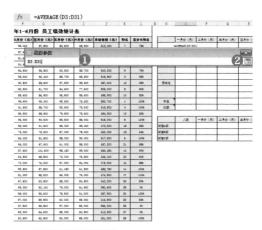

5. 设置参数值

❶返回到"函数参数"对话框，完成数值1参数添加；❷单击"确定"按钮。

6. 计算一月份平均销售额

完成一月份平均销售额的计算，并显示出计算结果。

排名	百分比排名			一月份（元）	二月份（元）
7	78%		平均销售额	79,831	
15	51%		优秀率		
22	26%		达标率		
2	96%		前三名		
9	75%				
3	95%				
12	68%		后三名		
8	80%				
10	80%				

技巧拓展

除了上述方法可以求出平均值外，还可以选择需要求平均值的单元格区域后，在"开始"选项卡下，单击"求和"下三角按钮，在弹出的菜单中选择"平均值"命令即可。

7. 计算其他月份销售额

选择O3单元格，当鼠标指针呈黑色十字形状时，单击并向右拖曳至T3单元格区域，即可完成其他月份平均销售额的计算，并显示计算结果。

	一月份（元）	二月份（元）	三月份（元）	四月份（元）	五月份（元）	六月份（元）
平均销售额	79,831	78,517	80,883	82,286	77,217	76,359
优秀率						
达标率						
前三名						
后三名						

技巧拓展

AVERAGE函数的语法结构为：AVERAGE（Number1，Number2，…）。其中Number1，number2，…是要计算平均值的1～255个参数。

7.2.5　计算每月销售员工优秀率、达标率

在员工绩效统计表中计算每月销售员工的优秀率及达标率时，需要使用COUNTIF函数计算出来。其具体的操作步骤如下。

1. 选择单元格并单击按钮

❶在"员工绩效统计"工作表中，选择O4单元格；❷在"公式"选项卡单击"插入函数"按钮。

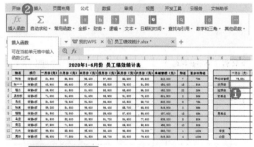

2. 插入函数

❶弹出"插入函数"对话框，在"常用函数"列表框中，选择"统计"选项；❷在"选

择函数"列表框中，选择"COUNTIF"函数；❸单击"确定"按钮。

3. 单击按钮

弹出"函数参数"对话框，单击"区域"右侧的按钮。

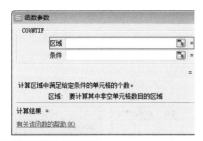

4. 选择数值区域

❶在"函数参数"对话框中单击并拖曳，选择D3：D31单元格区域；❷单击文本框右侧的按钮。

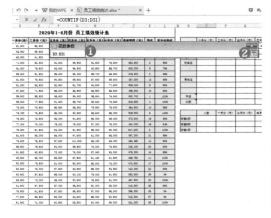

5. 设置参数值

❶返回到"函数参数"对话框，完成区域的选择，并依次添加其他的条件参数；❷单击"确定"按钮。

6. 计算每月员工的优秀率

计算出每月员工的优秀率数值，并显示出计算结果。

7. 计算其他员工优秀率

选择O4单元格，当鼠标指针呈黑色十字形状时，单击并向右拖曳至T4单元格区域，即可完成其他月份员工优秀率的计算，并显示计算结果。

N	一月份（元）	二月份（元）	三月份（元）	四月份（元）	五月份（元）	六月份（元）
平均销售额	79,831	78,517	80,863	82,286	77,217	76,359
优秀率	48.3%	37.9%	65.5%	65.5%	44.8%	41.4%
达标率						
前三名						
后三名						

8. 输入公式符号

选择O5单元格，在编辑栏中，输入公式符号"="。

9. 选择函数

❶在"公式"选项卡中，单击"其他函数"下三角按钮；❷在弹出的菜单中选择"统计"命令；❸在弹出的子菜单中选择COUNTIF命令。

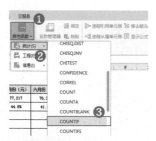

10. 输入参数值

❶在弹出的"函数参数"文本框中依次在"区域"和"条件"文本框中输入参数值；❷单击"确定"按钮。

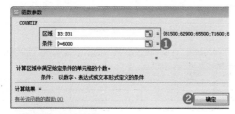

11. 完善公式

返回到工作表中，继续在编辑栏中完善公式内容。

12. 计算员工达标率

按Enter键确认，即可计算出每月员工的达标率数值，并显示出计算结果。

	排名	百分比排名		一月份（元）
2				
3	7	78%	平均销售额	79,831
4	15	51%	优秀率	48.3%
5	22	26%	达标率	96.6%
6	2	96%	前三名	
7	9	75%		
8	3	95%		
9	12	68%	后三名	
10	8	80%		
11	10	80%		
12	1	100%	中值	

13. 计算其他员工达标率

选择O5单元格，当鼠标指针呈黑色十字形状时，单击并向右拖曳至T5单元格区域，即可完成其他月份员工达标率的计算，并显示计算结果。

	一月份（元）	二月份（元）	三月份（元）	四月份（元）	五月份（元）	六月份（元）
平均销售额	79,831	78,517	80,883	82,286	77,217	76,359
优秀率	48.3%	37.9%	65.5%	65.5%	44.8%	41.4%
达标率	96.6%	93.1%	89.7%	93.1%	93.1%	93.1%
前三名						
后三名						

技巧拓展

COUNTIF函数是WPS表格中，对指定区域中符合指定条件的单元格计数的一个函数，其语法结构为countif（range，criteria）。其中range表示要计算其中非空单元格数目的区域；criteria以数字、表达式或文本形式定义的条件。

7.2.6 计算出每月销售业绩的前三名和后三名

在制作员工绩效统计表时，使用MAX、LARGE、MIN和SMALL函数可以计算出每月销售业绩的前三名和后三名。其具体操作步骤如下。

1. 选择函数

❶在"员工绩效统计"工作表中，选择O6单元格；❷在"公式"选项卡中单击"常用函数"下三角按钮；❸在弹出的菜单中选择MAX函数。

2. 设置函数参数

❶弹出"函数参数"对话框，单击"数值1"文本框，输入D3：D31数据；❷单击"确定"按钮。

技巧拓展

除了上述方法可以选择MAX函数外，用户还可以在"开始"选项卡中，单击"求和"下三角按钮，在弹出的菜单中选择"最大值"命令，即可调用MAX函数。

3. 计算一月份第一名

返回到工作表中，完成1月份"前三名"中第一名的计算，并显示计算结果。

排名	百分比排名		一月份（元）	二月份（元）
7	78%	平均销售额	79,831	78,517
15	51%	优秀率	48.3%	37.9%
22	26%	达标率	96.6%	93.1%
2	96%	前三名	99,500	
9	75%			
3	95%			
12	68%	后三名		
8	80%			

4. 计算每个月第一名

将鼠标指针移动O6单元格右下角，鼠标指针变成黑色十字形状时，单击并拖曳至T6单元格区域，即可完成每个月的"第一名"业绩计算，并显示结果。

	一月份（元）	二月份（元）	三月份（元）	四月份（元）	五月份（元）	六月份（元）
平均销售额	79,831	78,517	80,980	82,286	77,217	76,359
优秀率	48.3%	37.9%	65.5%	65.5%	44.8%	41.4%
达标率	96.6%	93.1%	89.7%	93.1%	93.1%	93.1%
前三名	99,500	97,500	96,300	101,600	98,500	93,000
后三名						
中值						
众数						

5. 选择函数

❶选择O7单元格，在"公式"选项卡单击"其

他函数"下三角按钮；❷在弹出的菜单中选择"统计"命令；❸在弹出的子菜单中选择LARGE函数。

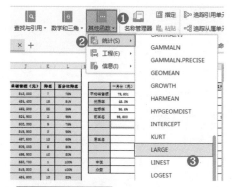

6. 设置函数参数

❶弹出"函数参数"对话框，单击"数组"文本框，输入D3:D31数据，在K文本框中输入2；❷单击"确定"按钮。

7. 计算一月份第二名

完成1月份"前三名"中第二名的计算，并显示计算结果。

8. 计算每个月第二名

将鼠标指针移动至O7单元格右下角，鼠标指针变成黑色十字形状时，单击并拖曳至T7单元格区域，释放鼠标左键，即可完成每个月的"第二名"业绩计算，并显示结果。

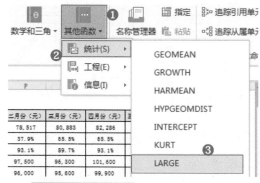

9. 选择函数

❶选择O8单元格，在"公式"选项卡单击"其他函数"下三角按钮；❷在弹出的菜单中选择"统计"命令；❸在弹出的子菜单中选择LARGE函数。

10. 设置函数参数

❶弹出"函数参数"对话框，单击"数组"文本框，输入D3:D31数据，在K文本框中输入3；❷单击"确定"按钮。

11. 计算一月份第三名

完成1月份"前三名"中第三名的计算，并显示计算结果。

	一月份（元）	二月份（元）	三月份（元）
平均销售额	79,831	78,517	80,883
优秀率	48.3%	37.9%	65.5%
达标率	96.6%	93.1%	89.7%
前三名	99,500	97,500	96,300
	98,600	96,000	95,600
	97,800		
后三名			

O8 单元格 =LARGE(D3:D31,3)

12. 计算每个月第三名

将鼠标指针移动O8单元格右下角，鼠标指针变成黑色十字形状时，单击并拖曳至T8单元格区域，释放鼠标左键，即可完成每个月的"第三名"业绩计算，并显示结果。

	一月份（元）	二月份（元）	三月份（元）	四月份（元）	五月份（元）	六月份（元）
平均销售额	79,831	78,517	80,883	82,286	77,217	76,359
优秀率	48.3%	37.9%	65.5%	65.5%	44.8%	41.4%
达标率	96.6%	93.1%	89.7%	93.1%	93.1%	93.1%
前三名	99,500	97,500	96,300	101,600	98,500	93,000
	98,600	96,000	95,600	99,900	98,000	86,700
	97,800	95,000	95,600	97,500	94,600	86,000
后三名						
中值						
众数						

13. 选择函数

❶选择O9单元格，在"公式"选项卡单击"常

用函数"下三角按钮；❷在弹出的菜单中选择"统计"命令；❸在弹出的子菜单中选择MIN函数。

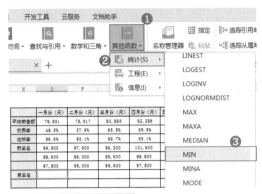

14. 设置函数参数

❶弹出"函数参数"对话框，单击"数值1"文本框，输入D3:D31数据；❷单击"确定"按钮。

15. 计算后三名的倒数第一名

完成1月份"后三名"中最后一名的计算并显示计算结果。

O9 单元格 =MIN(D3:D31)

	一月份（元）	二月份（元）	三月份（元）
平均销售额	79,831	78,517	80,883
优秀率	48.3%	37.9%	65.5%
达标率	96.6%	93.1%	89.7%
前三名	99,500	97,500	96,300
	98,600	96,000	95,600
	97,800	95,000	95,600
后三名	59,800		
中值			

16. 计算每个月后三名的倒数第一名

将鼠标指针移动O9单元格右下角，鼠标指针变成黑色十字形状时，单击并拖曳至T9单元格区域，释放鼠标左键，即可完成每个月的"最后一名"业绩计算并显示结果。

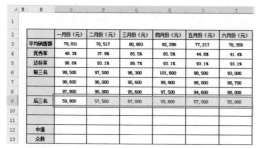

	一月份（元）	二月份（元）	三月份（元）	四月份（元）	五月份（元）	六月份（元）
平均销售额	79,831	78,517	80,883	82,286	77,217	76,359
优秀率	48.3%	37.9%	65.5%	65.5%	44.8%	41.4%
达标率	96.6%	93.1%	89.7%	93.1%	93.1%	93.1%
前三名	99,500	97,500	96,300	101,600	98,500	93,000
	98,600	96,000	95,600	99,900	98,000	88,700
	97,800	95,000	95,600	97,500	94,600	88,000
后三名	59,800	57,500	57,000	55,800	57,000	55,000
中值						
众数						

17. 选择函数

❶选择O10单元格，在"公式"选项卡单击"其他函数"下三角按钮；❷在弹出的菜单中选择"统计"命令；❸在弹出的子菜单中选择SMALL函数。

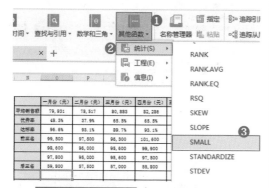

18. 设置函数参数

❶弹出"函数参数"对话框，单击"数组"文本框，输入D3:D31数据，在K文本框中输入2；❷单击"确定"按钮。

19. 计算后三名的倒数第二名

完成1月份"后三名"中倒数第二名的计算并显示计算结果。

	一月份（元）	二月份（元）	三月份（元）
平均销售额	79,831	78,517	80,883
优秀率	48.3%	37.9%	65.5%
达标率	96.6%	93.1%	89.7%
前三名	99,500	97,500	96,300
	98,600	96,000	95,600
	97,800	95,000	95,600
后三名	59,800	57,500	57,000
	61,500		
中值			
众数			

20. 计算每个月后三名的倒数第二名

将鼠标指针移动O10单元格右下角，鼠标指针变成黑色十字形状时，单击并拖曳至T10单元格区域，释放鼠标左键，即可完成每个月的"倒数第二名"业绩计算，并显示结果。

	一月份（元）	二月份（元）	三月份（元）	四月份（元）	五月份（元）	六月份（元）
平均销售额	79,831	78,517	80,883	82,286	77,217	76,359
优秀率	48.3%	37.9%	65.5%	65.5%	44.8%	41.4%
达标率	96.6%	93.1%	89.7%	93.1%	93.1%	93.1%
前三名	99,500	97,500	96,300	101,600	98,500	93,000
	98,600	96,000	95,600	99,900	98,000	88,700
	97,800	95,000	95,600	97,500	94,600	88,000
后三名	59,800	57,500	57,000	55,800	57,000	55,000
	61,500	59,500	57,500	59,800	57,000	59,600
中值						
众数						

21. 选择函数

❶选择O11单元格，在"公式"选项卡中单击"其他函数"下三角按钮；❷在弹出的菜单中选择"统计"命令；❸在弹出的子菜单中选择SMALL函数。

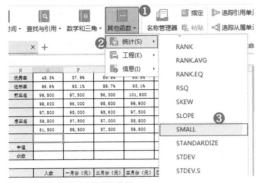

22. 设置函数参数

❶弹出"函数参数"对话框，单击"数组"文本框，输入D3:D31数据，在K文本框中输入3；❷单击"确定"按钮。

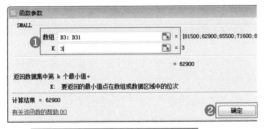

23. 计算后三名的倒数第三名

完成1月份"后三名"中倒数第三名的计算并显示计算结果。

24. 计算每个月后三名的倒数第三名

将鼠标指针移动O11单元格右下角，鼠标指针变成黑色十字形状时，单击并拖曳至T11单元格区域，释放鼠标，即可完成每个月的"倒数第三名"业绩计算，并显示结果。

技巧拓展

SMALL函数用于返回数据组中的第K个最小值。其语法结构为SMALL（array，k），其中array为需要找到第K个最小值的数组或数字型数据区域；K为返回的数据在数组或数据区域里的位置（从小到大）。

7.2.7 为单元格文本添加批注说明

在员工绩效统计表中，需要使用"新建批注"的方式为单元格添加批注说明。其具体操作步骤如下。

1.单击按钮

❶在"员工绩效统计"工作表中，选择N12单元格；❷切换到"审阅"选项卡，单击"新建批注"按钮。

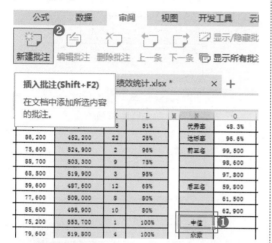

2.添加批注

弹出"编辑批注"文本框，输入文本数据，完成批注的添加。

	98,600	96,000	95,600
	97,800	95,000	95,600
后三名	59,800	57,500	57,000
	61,500	59,500	57,500
			59,000
中值			
众数			

中值是在一组数据中居于中间的数，即在这组数据中，有一半的数据比它大，有一半的数据比它小。

技巧拓展

除了上述方法可以添加批注外，还可以通过选定单元格后，右击，在弹出的快捷菜单中选择"插入批注"命令进行插入批注操作。

3.添加其他批注

使用相同的方法为"众数"所在的单元格添加批注，并查看添加批注后的表格效果。

4	优秀率	48.3%	37.9%	65.5%
5	达标率	96.6%	93.1%	89.7%
6	前三名	99,500	97,500	96,300
7		98,600	96,000	95,600
8		97,800	95,000	95,600
9	后三名	59,800	57,500	57,000
10		61,500	59,500	57,500
11		62,900	61,500	59,000
12	中值			
13	众数	众数是数据区域中出现频率最多的数。		
14				
15		人数	一月份（元）	二月份（元）

技巧拓展

在添加批注后，可以在"审阅"选项卡中，单击"上一条"或"下一条"按钮，依次切换到对应的批注进行查看。

7.2.8 计算出销售额的中值和众数

在员工绩效统计表中，中值是在一组数值中居于中间的数值；而众数是出现区域中频率最多的数据。为了计算出中值和众数数据，需要用到MEDIAN函数和MODE函数。其具体操作步骤如下。

1.选择函数

❶在"员工绩效统计"工作表中，选择O12单元格，在"公式"选项卡单击"其他函数"下三角按钮；❷在弹出的菜单中选择"统计"命令，❸在弹出的子菜单中选择"MEDIAN"函数。

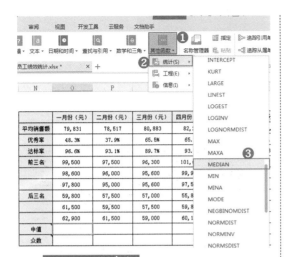

2. 输入函数参数

❶弹出"函数参数"对话框，单击"数值1"文本框，输入D3:D31数据；❷单击"确定"按钮。

3. 计算一月份中值数据

完成1月份"中值"的计算，并显示计算结果。

4. 计算每个月中值数据

将鼠标指针移动O12单元格右下角，鼠标指针变成黑色十字形状时，单击并拖曳至T12单元格区域，释放鼠标左键，即可完成每个月的"中值"计算并显示结果。

O12 =MEDIAN(D3:D31)

	一月份（元）	二月份（元）	三月份（元）
平均销售额	79,831	78,517	80,883
优秀率	48.3%	37.9%	65.5%
达标率	96.6%	93.1%	89.7%
前三名	99,500	97,500	96,300
	98,600	96,000	95,600
	97,800	95,000	95,600
后三名	59,800	57,500	57,000
	61,500	59,500	57,500
	62,900	61,500	59,000
中值	79,600		
众数			

	一月份（元）	二月份（元）	三月份（元）	四月份（元）	五月份（元）	六月份（元）
平均销售额	79,831	78,517	80,883	82,286	77,217	76,359
优秀率	48.3%	37.9%	65.5%	65.5%	44.8%	41.4%
达标率	96.6%	93.1%	89.7%	93.1%	93.1%	93.1%
前三名	99,500	97,500	96,300	101,600	98,500	93,000
	98,600	96,000	95,600	99,900	98,000	88,700
	97,800	95,000	95,600	97,500	94,600	88,000
后三名	59,800	57,500	57,000	55,800	57,000	55,000
	61,500	59,500	57,500	59,800	57,000	59,600
	62,900	61,500	59,000	60,100	60,000	60,500
中值	79,600	78,500	85,600	87,800	79,000	78,000
众数						

技巧拓展

MEDIAN函数是一种计算机函数，能够返回给定数值的中值，如果参数集合中包含偶数个数字，函数MEDIAN将返回位于中间的两个数的平均值。其语法结构为MEDIAN（number1，number2，…）。其中，number1，number2，…表示要计算中值的1到255个数字。

5. 选择函数

❶选择O13单元格，在"公式"选项卡单击"其他函数"下三角按钮，在弹出的菜单中选择"统计"命令；❷在弹出的子菜单中选择MODE函数。

6. 输入函数参数

❶弹出"函数参数"对话框，单击"数组"文本框，输入D3:D31数据；❷单击"确定"按钮。

7. 计算一月份众数

完成1月份"众数"的计算，并显示计算结果。

		一月份（元）	二月份（元）	三月份（元）
2	平均销售额	79,831	78,517	80,883
4	优秀率	48.3%	37.9%	65.5%
5	达标率	96.6%	93.1%	89.7%
6	前三名	99,500	97,500	96,300
7		98,600	96,000	95,600
8		97,800	95,000	95,600
9	后三名	59,800	57,500	57,000
10		61,500	59,500	57,500
11		62,900	61,500	59,000
12	中值	79,600	78,500	85,600
13	众数	81,500		

8. 计算每个月众数

将鼠标指针移动O13单元格右下角，鼠标指针变成黑色十字形状时，单击并拖曳至T13单元格区域，释放鼠标左键，即可完成每个月的"众数"计算并显示结果。

		一月份（元）	二月份（元）	三月份（元）	四月份（元）	五月份（元）	六月份（元）
3	平均销售额	79,831	78,517	80,883	82,286	77,217	76,359
4	优秀率	48.3%	37.9%	65.5%	65.5%	44.8%	41.4%
5	达标率	96.6%	93.1%	89.7%	93.1%	93.1%	93.1%
6	前三名	99,500	97,500	96,300	101,600	98,500	93,000
7		98,600	96,000	95,600	99,900	98,000	88,700
8		97,800	95,000	95,600	97,500	94,600	88,000
9	后三名	59,800	57,500	57,000	55,800	57,000	55,000
10		61,500	59,500	57,500	59,800	57,000	59,600
11		62,900	61,500	59,000	60,100	60,000	60,500
12	中值	79,600	78,500	85,600	87,800	79,000	78,000
13	众数	81,500	78,500	87,600	88,500	57,000	85,000

技巧拓展

MODE是一个位置测量函数，其语法结构为MODE（number1，number2，…），其中number1，number2，… 是用于众数计算的 1 到 30 个参数，也可以使用单一数组（即对数组区域的引用）来代替由逗号分隔的参数。

7.2.9　计算每月各部门人均业绩

在员工绩效工作表中，可以通过公式完成每月各部门人均业绩的计算，其具体操作步骤如下。

1. 输入公式

❶在"员工绩效统计"工作表中，选择O16单元格；❷输入公式"=SUM（IF（$C$3：$C$31=$N16，1））"。

COUNTIF		× ✓ fx	=SUM(IF($C$3:$C$31=$N16,1))	
	M	N	O	P	Q	R

	M	N	O	P	Q	R
6	前三名	99,500	97,500	96,300	101,600
7		98,600	96,000	95,600	99,900
8		97,800	95,000	95,600	
9	后三名	59,800	57,500	57,000	55,800
10		61,500	59,500	57,500	59,800
11		62,900	61,500	59,000	60,100
12	中值	79,600	78,500	85,600	87,800
13	众数	81,500	78,500	87,600	88,500
14					
15		人数	一月份（元）	二月份（元）	三月份（元）
16		=SUM(IF($C$3:$C$31=$N16,1)) ①			
17	销售B部	IF（测试条件，真值，[假值]）			
18	销售C部		.	

2. 计算各部门人数

按快捷键Ctrl+Shift+Enter，显示出计算结果，将鼠标指针移动到O16单元格的右下角，当鼠标指针变成黑色十字形状时，单击并拖曳鼠标至O18单元格区域，即可完成各部门人数的计算。

	M	N	O	P	Q
6	前三名	99,500	97,500	96,300
7		98,600	96,000	95,600
8		97,800	95,000	95,600
9	后三名	59,800	57,500	57,000
10		61,500	59,500	57,500
11		62,900	61,500	59,000
12	中值	79,600	78,500	85,600
13	众数	81,500	78,500	87,600
14				
15		人数	一月份（元）	二月份（元）
16	销售A部	11		
17	销售B部	10		
18	销售C部	8		

技巧拓展

IF函数一般是指WPS表格中的IF函数，根据指定的条件来判断其"真"（TRUE）、"假"（FALSE），根据逻辑计算的真假值，从而返回相应的内容。可以使用函数 IF 对数值和公式进行条件检测，其语法结构为IF

（logical_test，value_if_true，value_if_false），其中Logical_test表示计算结果为 TRUE 或 FALSE 的任意值或表达式；value_if_truelogical_test表示为TRUE时返回的值；Value_if_falselogical_test为FALSE 时返回的值。

3. 选择函数

选择P16单元格，输入公式"=SUM（IF（$C$3：$C$31=$N16，D$3：D$31））/$O16"。

	M	N	O	P	Q
6	前三名	99,500	97,500	96,300
7		98,600	96,000	95,600
8		97,800	95,000	95,600
9	后三名	59,800	57,500	57,000
10		61,500	59,500	57,500
11		62,900	61,500	59,000
12	中值	79,600	78,500	85,600
13	众数	81,500	78,500	87,600
14				
15		人数	一月份（元）	二月份（元）
16	销售A部	=SUM(IF($C$3:$C$31=$N16, D$3:D$31))/$O16		
17	销售B部	10		
18	销售C部	8		

4. 计算1月份人均业绩

按快捷键Ctrl+Shift+Enter，显示计算结果，将鼠标指针移动到P16单元格的右下角，当鼠标指针变成黑色十字形状时，单击并拖曳鼠标至P18单元格区域，即可完成1月份各部门人均业绩的计算。

	M	N	O	P
12	中值	79,600	78,500
13	众数	81,500	78,500
14			
15		人数	一月份（元）
16	销售A部	11	83,754.5
17	销售B部	10	81,670.0
18	销售C部	8	72,137.5

5. 选择数组区域

保持P16:P18单元格的选中状态，将鼠标指针移动到选中单元格的右下角，当鼠标指针变成黑色十字形状时，单击并拖曳鼠标至U18单元格区域，即可完成1~6月份各部门人均业绩的计算并显示计算结果。

7		98,600	96,600	95,600	99,900	98,000	88,700
8		97,800	95,000	95,600	97,500	94,600	88,000
9	后三名	59,800	57,500	57,000	55,800	57,000	55,000
10		61,500	59,500	57,500	59,800	57,000	59,600
11		82,900	61,500	59,000	60,100	60,000	60,500
12	中值	79,600	78,500	85,600	87,800	79,000	78,000
13	众数	81,500	78,500	87,600	88,500	57,000	85,000
14							

		人数	一月份（元）	二月份（元）	三月份（元）	四月份（元）	五月份（元）	六月份（元）
15								
16	销售A部	11	83,754.5	80,672.7	90,063.6	91,872.7	82,400.0	77,027.3
17	销售B部	10	81,670.0	81,810.0	81,440.0	83,260.0	75,940.0	76,860.0
18	销售C部	8	72,137.5	71,437.5	67,562.5	67,887.5	71,687.5	74,812.5

技巧拓展

使用快捷确认输入时需注意，Enter键使用适合单一公式或数据的确认，确认组合函数输入时需要使用快捷组合键Ctrl+Shift+Enter。

7.2.10 使用图表显示每个月各部门人均业绩情况

完成员工绩效统计表中的每个月各部门的人均业绩数据计算后，为了更直观地展示数据，可以用柱形图展示人均业绩情况。其具体操作步骤如下。

1. 选择命令

❶在"员工绩效统计"工作表中，按住Ctrl键依次选择N15:N18单元格区域和P15:U18单元格区域；❷切换到"插入"选项卡，选择"图表"命令。

2. 选择图表样式

❶弹出"插入图表"对话框，在左侧列表框中，选择"柱形图"选项；❷在右侧列表框中，选择"簇状柱形图"图表样式；❸单击"确定"按钮。

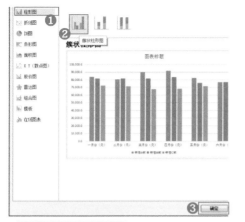

3.创建柱形图图表

完成柱形图图表的创建，选择新创建的图表，单击并拖曳，将图表移动到合适的位置。

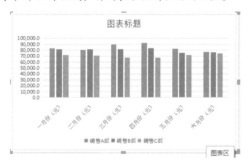

4.调整大小

选择图表将鼠标指针移动到图标右下角边框上，鼠标指针变成双向箭头时，单击并拖曳，调整图表到合适大小即可。

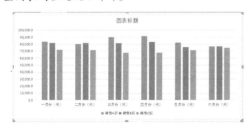

5.选择布局样式

❶继续保持图表的选中状态，在"图表工具"选项卡中，单击"快速布局"下三角按钮；❷在弹出的菜单中选择"布局11"样式。

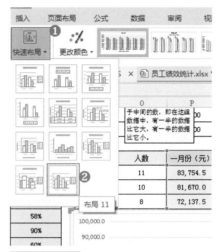

6.完成操作

更改图表的布局样式，并查看图表效果。

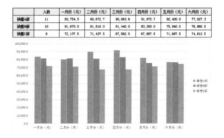

技巧拓展

创建图表以后，通过图表布局样式的调整，可以选择带标题的图表样式，即可为创建的图表设置图表标题，"布局样式"列表框中包含多种图表布局样式，选择不同的样式，可以得到不同的图表布局效果。

第8章

简单有趣搞定WPS演示

　　WPS Office 2016软件是目前最专业的演示文稿制作软件之一，利用该软件可以制作出图文并茂、表现力和感染力极强的文稿幻灯片。且在完成演示文稿的制作后，可以通过台式电脑、笔记本电脑、手机或平板电脑等设备观看幻灯片。本章通过工作风采宣传和会议流程安排两个实操案例来介绍WPS演示的最基本的操作方法。

技 能 概 要

创建文稿 ---- 插入幻灯片 ---- 编辑幻灯片 ---- 自动播放 ---- 划出重点 ---- 打包幻灯片

8.1 创建与修改——工作风采宣传

工作风采宣传用于展示工作部门的简介以及特殊活动等风采，通过宣传部门的风采，可以更好地向员工展示本部门的优势及特点，从而吸引人才。完成本例，需在WPS演示中进行根据模板创建演示文稿、自动保存演示文稿、将演示文稿保存为图片、快速插入幻灯片、在占位符中插入文本、为幻灯片插入文本框、轻松隐藏部分幻灯片以及更改幻灯片的方向等操作步骤。

8.1.1 根据模板创建演示文稿

在制作"工作风采宣传"演示文稿之前，需要使用本机上自带的模板创建出新的演示文稿，才能进行后面的文本输入、幻灯片编辑操作。其具体操作步骤如下。

1. 选择命令

❶启动WPS演示，单击"WPS 演示"按钮；❷在弹出的菜单中选择"新建"命令；❸在弹出的子菜单中选择"本机上的模板"命令。

2. 选择模板

❶弹出"模板"对话框，在列表框中选择"宣传模板"；❷单击"确定"按钮。

3. 创建演示文稿

通过模板创建演示文稿。

技巧拓展

模板是指在外观或内容上已经为用户进行了一些预设的文件。这些模板文件大都是用户经常使用的类型或专业的样式。在WPS演示中，使用"从在线模板新建"命令，可以在网络上搜索模板，创建出演示文稿。

8.1.2 自动保存演示文稿

在制作演示文稿的过程中，为了防止演示文稿因为电脑断电或突然关机等原因，导致演示文稿没有保存就关闭的情况出现，可以设置"自动保存"功能，使演示文稿隔段时间进行自动保存操作。其具体的操作步骤如下。

1.选择命令

❶单击"WPS演示"按钮；❷在弹出的菜单中选择"选项"命令。

2.设置备份时间参数

❶弹出"选项"对话框，在左侧列表框中，选择"备份设置"选项；❷选中"启用定时备份，时间间隔"单选按钮，并设置其参数为"3分钟"；❸单击"确定"按钮，完成自动保存演示文稿的设置。

技巧拓展

在设置演示文稿的保存操作时，不仅可以设置自动保存时间，还可以设置演示文稿的默认保存格式。在"选项"对话框中的左侧列表框中，选择"常规与保存"命令，在右侧的"将WPS演示文件存为"列表框中，选择演示文稿保存格式即可。

8.1.3 将WPS演示文稿保存为图片

WPS演示制作出的是幻灯片，可以通过投影之类的设备在其他地方放大演示，但是有时需要在手机或平板上观看幻灯片，且移动设备上没有安装办公软件，则需要将演示文稿保存为图片，既节省内存容量，又方便阅读。其具体操作步骤如下。

1. 选择命令

❶在创建好的演示文稿中，单击"WPS演示"按钮；❷在弹出的菜单中选择"输出为图片"命令。

2. 单击按钮

在弹出的"输出为图片"对话框中单击"浏览"按钮。

3. 设置保存地址

❶弹出"保存图片"对话框，寻找合适的文件夹位置；❷单击"选择文件夹"按钮，完成保存地址选择。

4. 设置保存参数

❶返回到"输出为图片"对话框后修改文件名为"工作风采宣传"；❷根据需求选择品质并单击"输出"按钮。

技巧拓展

在将演示文稿输出为图片时，如果需要将幻灯片输出为高质量无水印的图片，则可以登录账号并开通WPS会员，然后在"输出为图片"对话框中，单击"高质量无水印"图标即可实现。

5. 单击按钮

开始将演示文稿输出为图片，稍后将弹出提示对话框，提示图片成功输出，单击"打开"按钮。

6. 查看图片效果

打开ACDSee图片查看器，快速查看输出的图片效果。

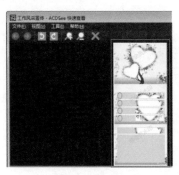

8.1.4　快速插入幻灯片

在制作工作风采宣传演示文稿时，幻灯片如果不够用，则需要使用"新建幻灯片"命令，在演示文稿中插入多张幻灯片。其具体操作步骤如下。

1. 选择幻灯片样式

❶在演示文稿中的"开始"选项卡中，单击"新建幻灯片"下三角按钮；❷在弹出的菜单中选择合适的幻灯片样式。

2. 新建幻灯片

单击选择的样式即可新建一张幻灯片，并查看新建的幻灯片效果。

3. 选择命令

选择第3张幻灯片，右击，在打开的快捷菜单中选择"新建幻灯片"命令。

4. 新建幻灯片

新建一张幻灯片并查看其效果。

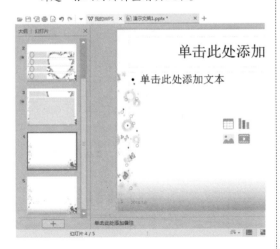

5. 创建其他幻灯片

使用同样的方法，在演示文稿中依次创建其他的幻灯片。

技巧拓展

在演示文稿中插入幻灯片时，还可以在"插入"选项卡下，单击"新建幻灯片"下三角按钮，在弹出的菜单中选择需要的幻灯片版式即可。

8.1.5 在占位符中插入文本

在完成幻灯片的插入后，需要在占位符中插入文本。占位符是幻灯片版式中出现在版面空白位置上的虚线矩形框，在占位符中可以插入文字、图片、表格、声音或影片等对象。其具体操作步骤如下。

1. 输入标题文本

选择第一张幻灯片中的标题占位符，输入文本"星星物流学院"。

2. 选择字体

❶选择新输入的文本，在"开始"选项卡下，单击"字体"下三角按钮；❷在弹出的菜单中选择"方正魏碑简体"字体。

技巧拓展

文本占位符的使用最为普遍，它用于在幻灯片中直接输入文字内容。在占位符中单击，其中的文字将消失，此时会在占位符中显示文本插入点，在其中输入相应内容即可。

3. 选择字号

❶在"开始"选项卡下，单击"字号"下三角按钮；❷在弹出的菜单中选择40选项。

4. 选择字体颜色

❶在"开始"选项卡下，单击"字体颜色"下三角按钮；❷在弹出的菜单中选择自定义的颜色。

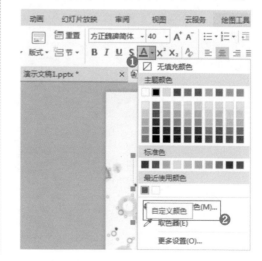

5. 设置字体格式

可更改标题占位符文本的字体、字号和字体颜色，并在"开始"选项卡中，单击"加粗"按钮，加粗文本。

6. 调整占位符文本框

选择占位符文本框，单击文本框中间上方的旋转控制点，此时鼠标指针呈旋转形状，单击并拖曳，旋转文本，并调整占位符文本框的大小和位置。

7. 插入副标题文本

选择第一张幻灯片中的副标题占位符文本框，输入文本"心理部"，并修改文本的字体格式为"方正剪纸简体"、"字号"为32，"字体颜色"为洋红色。

8. 插入标题文本

选择第二张幻灯片中的标题占位符文本框，输入文本"目录"，并修改文本的字体格式为"幼圆"、"字号"为40、加粗文本，并设置"字体颜色"为黑色。

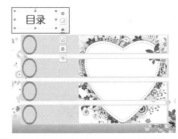

9. 插入其他幻灯片占位符文本

使用同样的方法，依次在其他的幻灯片中的标题占位符文本框中输入标题文本，并修改文本的字体格式为"幼圆"、"字号"为40、加粗文本，并设置"字体颜色"为黑色，并删除每页幻灯片中多余的占位符文本框。

8.1.6 为幻灯片插入文本框

在制作演示文稿时，不仅要输入标题文本，还要输入文本框文本。使用"文本框"功能，可以在幻灯片中的任意位置灵活地插入文本内容，其具体操作步骤如下。

1. 选择命令

❶在演示文稿中，选择第2张幻灯片，在"插入"选项卡中，单击"文本框"下三角按钮；❷在弹出的菜单中选择"横向文本框"命令。

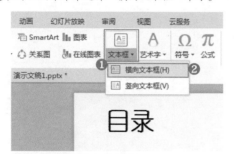

2. 插入文本框文本

当鼠标指针呈黑色十字形状时，在幻灯片中单击并拖曳，绘制文本框，输入文本A，修改字体格式为"微软雅黑"、"字号"为48、加粗文本，并将文本框移动至合适的位置。

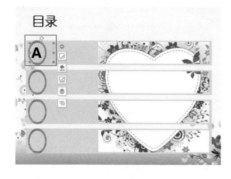

技巧拓展

在幻灯片中插入文本框时，不仅可以插入横向文本框，还可以在"文本框"列表框中选择"竖向文本框"命令，在幻灯片中插入竖向文本框。

3. 复制文本框文本

选择新插入的文本框文本，按住Ctrl键的同时，单击并拖曳，复制文本框文本，并依次修改复制后的文本内容。

4. 插入文本框文本

单击"文本框"下三角按钮，在弹出的菜单中选择"横向文本框"命令，在第二张幻灯片中插入多个文本框，并修改各文本的字体格式。

5. 复制文本和图形

选择第2张幻灯片中的相应文本框文本，将其复制到第3至第10张幻灯片中的相应位置，并选择第3张幻灯片中相应的图形，将其复制到第4至第10张幻灯片中相应位置。

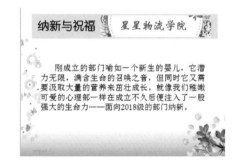

6. 插入文本框文本

选择第3张幻灯片，单击"文本框"下三角按钮，在弹出的菜单中选择"横向文本框"命令，在第3张幻灯片中插入文本框，输入文本，修改字体格式为"宋体"、"字号"为24。

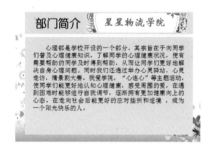

7. 插入其他文本框文本

使用同样的方法，在其他的幻灯片中，依次插入文本框文本，并设置"字体"为宋体，"字号"分别为40和24，并加粗相应的文本。

8.1.7 在WPS演示文稿内复制幻灯片

在制作演示文稿的过程中，有时需要在演示文稿中对幻灯片进行复制操作。使用"新建幻灯片副本"命令，可以完成幻灯片的复制操作，其具体操作步骤如下。

1. 选择命令

在演示文稿中选择第3张幻灯片，右击，在打开的快捷菜单中选择"新建幻灯片副本"命令。

2. 复制幻灯片

可复制一张幻灯片，并查看演示文稿效果。

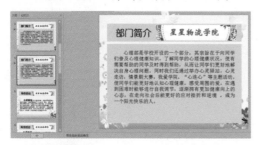

技巧拓展

在演示文稿中不仅可以复制幻灯片，还可以在"幻灯片"窗口选择幻灯片后，单击并拖曳，依次调整幻灯片的顺序。

8.1.8 轻松隐藏部分幻灯片

在制作演示文稿的过程中，如果有些幻灯片需要隐藏起来，则可以使用"隐藏幻灯片"命令实现。其具体操作步骤如下。

1. 选择命令

在演示文稿中选择第4张幻灯片，右击，在打开的快捷菜单中选择"隐藏幻灯片"命令。

2. 隐藏幻灯片

可隐藏选择的幻灯片，并在隐藏后的幻灯片数字上显示斜线符号。

技巧拓展

在演示文稿中隐藏幻灯片，如果需要显示隐藏的幻灯片，则可以选择隐藏的幻灯片，右击，打开快捷菜单，选择"隐藏幻灯片"命令即可显示幻灯片。

8.1.9 变换幻灯片的大小

在制作幻灯片后，有的幻灯片投影在屏幕上，有时候会不符合尺寸大小。因此，需要使用"幻灯片大小"命令，更改幻灯片的大小，其具体操作步骤如下。

1. 选择命令

❶在制作好的演示文稿中的"设计"选项卡中,单击"幻灯片大小"下三角按钮;❷在弹出的菜单中选择"自定义大小"命令。

2. 设置参数值

❶在弹出的"页面设置"对话框中设置"宽度"为32、"高度"为20;❷单击"确定"按钮。

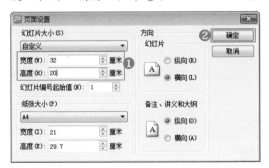

技巧拓展

幻灯片大小包含有标准(4:3)、宽屏(16:9)、顶置及横幅等类型,选择不同的类型,可以得到不同的幻灯片大小。

3. 单击按钮

在弹出的"页面缩放选项"对话框中单击"确保适合"按钮。

4. 更改幻灯片大小

更改幻灯片的大小,并查看幻灯片效果。

8.1.10 保存演示文稿效果

完成演示文稿的制作后,为了防止演示文稿的丢失,需要将演示文稿进行保存。其具体的操作步骤如下。

1. 选择命令

❶在制作好演示文稿后,单击"WPS演示"按钮;❷在弹出的菜单中选择"另存为"命令;❸在弹出的子菜单中选择"PowerPoint演示文件(＊.pptx)"命令。

2.设置文件保存路径

❶在弹出的"另存为"对话框中设置"文件名"为"工作风采宣传";❷设置文件保存路径;❸单击"保存"按钮,即可保存演示文稿。

8.2 播放与输出——会议流程安排

会议流程安排是整个会议议题性活动顺序的总体安排,其内容包含有会前筹备工作、会议具体安排和会后工作三大块。完成本例,需在WPS演示中进行鼠标指针不出

现在放映幻灯片时、幻灯片自动播放、快速定位幻灯片、从第二张幻灯片开始放映幻灯片、为幻灯片划出重点、自定义放映方式以及设置幻灯片的视图显示等操作步骤。

8.2.1 鼠标指针不出现在放映幻灯片时

在放映"工作会议安排"幻灯片时,需要对鼠标指针进行控制,让它一直隐藏,应该怎么操作呢?此时可以在放映幻灯片时,设置"指针选项"命令即可隐藏鼠标指针,其具体操作步骤如下。

1.选择命令

❶在WPS演示中,单击"WPS演示"下三角按钮;❷在弹出的菜单中选择"文件"命令;❸在弹出的子菜单中选择"打开"命令。

4. 选择命令

❶可开始放映幻灯片，在放映的幻灯片上右击，打开快捷菜单，选择"指针选项"命令；❷在弹出的菜单中选择"箭头选项"命令；❸在弹出的子菜单中选择"永远隐藏"命令。

2. 选择演示文稿

❶弹出"打开"对话框，在配套素材中选择需要打开的演示文稿；❷单击"打开"按钮。

5. 隐藏鼠标指针

可在放映幻灯片时隐藏鼠标指针。

技巧拓展

在放映幻灯片时，如果需要将鼠标指针显示出来，则需要在放映幻灯片时，右击，在打开的快捷菜单中选择"指针选项"|"箭头选项"|"可见"命令即可显示。

3. 选择命令

❶打开演示文稿后，在"开始"选项卡下，单击"从头开始"下三角按钮；❷在弹出的菜单中选择"从头开始"命令。

8.2.2 幻灯片自动播放

在演示幻灯片时，如果想将演示文稿中的幻灯片逐页进行自动播放，且省去手动的麻烦，则可以设置播放幻灯片换片时间，即可实现自动播放，其具体的操作步骤如下。

1. 选择命令

在"会议流程安排"演示文稿，选择"幻灯片"窗口中的第一张幻灯片，右击，在打开快捷菜单中选择"幻灯片切换"命令。

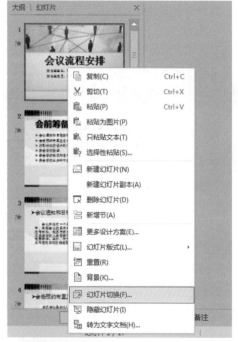

2. 设置参数值

❶打开"幻灯片切换"窗口，在"换片方式"选项区中，选中"每隔"复选框，设置参数为02:00；❷单击"应用于所有幻灯片"按钮。

3. 单击按钮

可为所有的幻灯片设置换片时间，然后在"幻灯片切换"窗口中，单击"幻灯片播放"按钮。

4. 自动播放幻灯片

开始播放幻灯片，到一定的时间后，则幻灯片自动切换至下一张幻灯片进行播放。

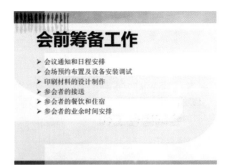

技巧拓展

设置好任意一张幻灯片的换片时间后，如果想手动播放幻灯片，则可以在"幻灯片切换"窗口的"换片方式"选项区中，选中"单击鼠标时"复选框，即可通过单击手动切换幻灯片放映。

8.2.3　快速定位幻灯片

在放映幻灯片时，如果想直接定位其他张的幻灯片进行播放，则可以使用"定位"命令实现。快速定位幻灯片的具体操作步骤如下。

1. 单击按钮

在"会议流程安排"的"幻灯片放映"选项卡中，单击"从头开始"按钮。

2. 选择幻灯片

❶开始放映幻灯片，右击，打开快捷菜单，选择"定位"命令；❷在弹出的菜单中选择"按标题"命令；❸在弹出的子菜单中选择第11张幻灯片。

技巧拓展

在定位幻灯片播放时，可以在快捷菜单中，选择"下一页"命令，切换至下一页播放幻灯片；选择"最后一页"命令，则切换至最后一页播放幻灯片。

3. 定位幻灯片播放

定位至第11张幻灯片进行播放，并查看幻灯片效果。

8.2.4　从第二张开始放映幻灯片

在默认情况下会自动从第一张幻灯片开始播放，但是可以通过"设置幻灯片放映"功能，将幻灯片从第二张开始放映。其具体操作步骤如下。

1. 单击按钮

在"会议流程安排"演示文稿中，单击"设置放映方式"按钮。

2. 设置参数值

❶弹出"设置放映方式"对话框，在"放映幻灯片"选项区中，选中"从"单选按钮，设置参数为2；❷单击"确定"按钮。

3. 从第2张开始放映幻灯片

在"幻灯片放映"选项卡中，单击"从头开始"按钮，开始从第2张放映幻灯片，并查看幻灯片的放映效果。

8.2.5　为幻灯片划出重点

在幻灯片放映过程中，将光标变成笔的形状，在幻灯片上直接做标记，从而将重点内容划出来。其具体操作步骤如下。

1. 选择幻灯片并单击按钮

❶在"会议流程安排"演示文稿中，选择第5张幻灯片；❷在"幻灯片放映"选项卡中，单击"从当前开始"按钮。

2. 选择命令

❶从第5张开始放映幻灯片，右击，在打开的快捷菜单中选择"指针选项"命令；❷在弹出的菜单中选择"荧光笔"命令。

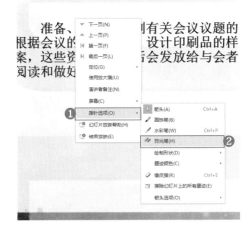

3. 标记重点内容

此时鼠标指针呈黄色矩形形状，在需要标记的重点内容上单击并拖曳，标记出重点内容。

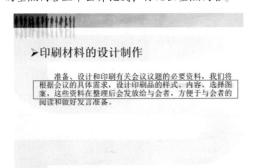

4. 划出重点

使用同样的方法，在其他的幻灯片中划出重点。

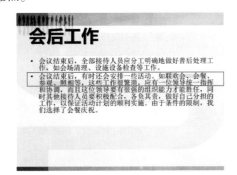

5. 单击按钮

重点标记完成后，按Esc键退出，弹出提示对话框，提示"是否保留墨迹注释"，单击"保留"按钮。

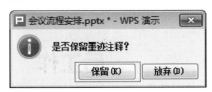

6. 保留标记重点

保留出标记的重点内容，并查看幻灯片效果。

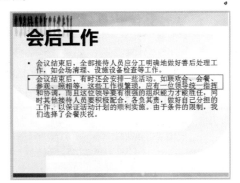

技巧拓展

在保留墨迹时，墨迹是以文本框的形式存在的，如果用户想将该标记删除，则可以选择该标记后，按Delete键即可将其清除。

8.2.6 使用排练计时掌握好文稿的演示时间

通过排练计时的设置，可以实现自动播放整个演示文稿，每张幻灯片的播放时间，还可以根据排练计时设置的时间来放映。其具体操作步骤如下。

1. 单击按钮

在"会议流程安排"文档的"幻灯片放映"选项卡中，单击"排练计时"按钮。

2. 单击按钮

开始放映幻灯片，并弹出"预演"对话框，开始记录时间，并单击"下一项"按钮。

技巧拓展

在"预演"对话框中，单击"重复"按钮，可以重复计时排练时间；单击"暂停"按钮，可以暂停排练时间的计时操作。

3. 单击按钮

直到幻灯片结束，系统自动打开提示对话框，提示是否保留排练时间，单击"是"按钮。

4. 显示排练时间

完成排练计时的设置，并自动进入"幻灯片浏览"视图，显示出幻灯片的排练时间。

8.2.7 自定义放映方式

使用"自定义放映"功能来添加需要放映的幻灯片，使得在放映幻灯片时，只需要放映部分幻灯片就可以。其具体操作步骤如下。

1. 单击按钮

在"会议流程安排"文档的"幻灯片放映"选项卡中，单击"自定义放映"按钮。

2. 单击按钮

在弹出的"自定义放映"对话框中单击"新建"按钮。

技巧拓展

如果已经设置了自定义放映，由于实际情况发生变化，需要重新定义放映，并且与之前定义的放映只有个别地方不同，此时可以复制之前的自定义反映，然后再做修改。在"自定义放映"对话框中，选中之前定义的自定义放映，单击"复制"按钮，即可复制自定义放映，选中复制后的自定义放映，单击"编辑"按钮，根据提示即可进行编辑操作。

3. 设置参数值

❶弹出"定义自定义放映"对话框，在左侧列表框中选择合适的幻灯片选项；❷单击"添加"按钮；❸即可将选择的幻灯片添加至右侧的列表框中。

4. 添加放映方式

❶单击"确定"按钮，返回到"自定义放映"对话框，显示新添加的放映方式；❷单击"放映"按钮。

5. 自定义放映幻灯片

可自定义放映幻灯片，并查看幻灯片效果。

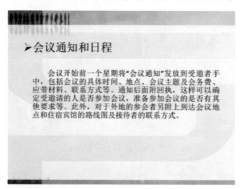

2. "幻灯片浏览"视图显示

以"幻灯片浏览"视图显示幻灯片，并查看效果。

8.2.8 设置幻灯片的视图显示

默认情况下，幻灯片的视图显示为"普通"，在"视图"选项卡中，单击"普通""幻灯片浏览""备注页"和"阅读视图"按钮，可以切换至不同的视图显示幻灯片效果。其具体操作步骤如下。

1. 单击按钮

在"会议流程安排"文档的"视图"选项卡中，单击"幻灯片浏览"按钮。

技巧拓展

在设置幻灯片的视图显示模式时，如果需要切换到"幻灯片母版"视图，则可以在"视图"选项卡下，单击"幻灯片母版"按钮即可。幻灯片母版是存储有关应用的设计模板信息的幻灯片，包括字形、占位符大小或位置、背景设计和配色方案。

3. 单击按钮

在"视图"选项卡中，单击"备注页"按钮。

4. "备注页"视图显示

以"备注页"视图显示幻灯片，并查看效果。

5. 单击按钮

在"视图"选项卡中，单击"阅读视图"按钮。

6. "阅读视图"视图显示

以"阅读视图"视图显示幻灯片，并查看效果。

8.2.9 特殊字体也可以"打包"带走

在打包保存演示文稿时，需要将演示文稿中的字体一并保存，就可以避免在其他电脑上使用该文档时，因为缺少字体而显示不正常。其具体操作步骤如下。

1.选择命令

❶在"会议流程安排"演示文稿中，单击"WPS 演示"按钮；❷在弹出的菜单中选择"选项"命令。

2.设置参数值

❶弹出"选项"对话框，在左侧列表框中选择"常规与保存"选项；❷在右侧列表框中，选中"将字体嵌入文件"复选框；❸单击"确定"按钮，即可嵌入字体。

技巧拓展

在打包字体时，如果需要嵌入所有的字符，以供其他用户编辑，则可以选中"嵌入所有字符（适于其他人编辑）"单选按钮即可实现。

8.2.10 打包演示文稿到文件夹

使用"打包文件"命令下的"将演示文稿打包成文件夹"功能，可以将演示文稿中用到的素材打包到一个文件夹中。其具体操作步骤如下。

1.选择命令

❶在"会议流程安排"演示文稿中，单击"WPS 演示"按钮；❷在弹出的菜单中选择"文件打包"命令；❸在弹出的子菜单中选择"将演示文稿打包成文件夹"命令。

2.设置参数值

❶弹出"演示文件打包"对话框，依次设置文件名称和打包位置；❷单击"确定"按钮。

技巧拓展

在打包演示文稿时，选择"文件打包"命令下的"将演示文稿打包成压缩文件"命令，则可以将演示文稿打包成压缩包。

3. 单击按钮

完成演示文稿的打包操作，并弹出提示对话框，单击"打开文件夹"按钮。

4. 查看打包的演示文稿

打开文件夹窗口，窗口中显示了已打包的演示文稿。

第9章

WPS演示主题风格调整

　　WPS演示主题由颜色、字体和效果组成，称为主题三要素。通过WPS演示主题设置，可以快速改变幻灯片的字体、颜色、背景、图片和形状的效果，从而形成统一的WPS演示风格。本章通过培训教学讲义和产品特色介绍两个实操案例，来介绍WPS演示主题风格的调整方法。

技能概要

幻灯片版式 ---- 幻灯片主题 ---- 插入艺术字 ---- 插入图形 ---- 插入表格 ---- 美化图片

9.1　版式与音频——培训教学讲义

培训教学讲义是为了进行培训知识讲解而编写的演示文稿，其内容包含标题、目录和正文。通过培训教学讲义，可以帮助并引导学生理解学习内容，有助于对所学知识的复习和记忆。完成本例，需在WPS演示中更改幻灯片版式和主题、设置幻灯片背景样式、为幻灯片统一设置文本格式、为所有幻灯片添加页眉和页脚、使用参考线和网格线以及在幻灯片中插入声音文件等操作步骤。

9.1.1　更改幻灯片版式

幻灯片版式是由占位符组成的，在占位符内可以放置标题、文本和其他的内容，包括表格、图表、图片、组织结构图和媒体剪辑等。在制作培训教学讲义演示文稿时，为了更好地排版演示文稿，需要对幻灯片的版式进行更改，其具体操作步骤如下。

1. 打开演示文稿

单击快速访问工具栏中的"打开"按钮，打开相关素材中的"素材\第9章\培训教学讲义.pptx"演示文稿。

2. 选择第1个版式

❶选择第1张幻灯片，在"设计"选项卡中，单击"版式"下三角按钮；❷在弹出的菜单中选择第1个版式。

3. 更改幻灯片版式

可更改第1张幻灯片的版式，并查看更改后的幻灯片效果。

4. 选择第7个版式

❶选择第2张幻灯片，在"设计"选项卡中，单击"版式"下三角按钮；❷在弹出的菜单中选择第7个版式。

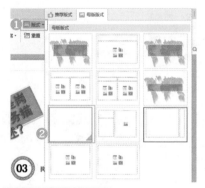

5. 更改幻灯片版式

更改第2张幻灯片的版式，并查看更改后的幻灯片效果。

6. 更改幻灯片版式

使用同样的方法，将第3张幻灯片的版式更改为第7个版式。

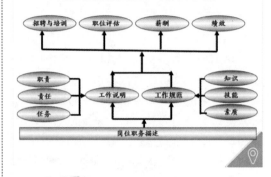

技巧拓展

WPS 演示中的"版式"列表框中包含有多种版式效果，选择不同的版式样式得到不同的幻灯片版式。如果对更改后的幻灯片版式不满意，则可以在"设计"选项卡中，单击"重置"按钮，重置幻灯片版式。

9.1.2　更改幻灯片的主题

在默认情况下，培训教学讲义演示文稿是用空白演示文稿制作而成的，为了使得幻灯片的排版更加好看，可以使用"主题"命令，重新更改幻灯片的主题效果。其具体的操作步骤如下。

1. 选择图标

在"培训教学讲义"演示文稿的"设计"选项卡中，选择相应列表框中的"更多设计"图标。

2. 选择主题效果

弹出相应的对话框，选择合适的主题效果，单击"插入并应用"按钮。

技巧拓展

主题对话框中的"在线设计方案"和"我的设计方案"选项卡中，包含有多种主题效果。选择不同的主题模板，可以得到不同的幻灯片主题效果。

3. 输入账号和密码

❶在弹出的"账号登录"对话框中依次输入账号和密码；❷单击"立即登录"按钮。

4. 更改幻灯片主题

登录账号，再次选择合适的主题效果，单击"插入并应用"按钮，开始下载主题模板，并完成幻灯片主题更改，并删除多余的幻灯片，查看幻灯片效果。

技巧拓展

在输入账号和密码登录软件账号时，如果选中"自动登录"复选框，则可以在启动WPS演示时自动登录账号。

9.1.3 设置幻灯片背景样式

在为"培训教学讲义"演示文稿更改主题后，主题的背景色比较单一，并且不美观。可以使用"背景"功能重新更改幻灯片的背景样式，其具体操作步骤如下。

1.选择命令

❶在"培训教学讲义"演示文稿中的"设计"选项卡中,单击"背景"下三角按钮;❷在弹出的菜单中选择"背景"命令。

2.选中单选按钮并单击按钮

❶打开"对象属性"窗口,在"填充"选项区中选中"图片或纹理填充"单选按钮;❷并单击"本地文件"按钮。

技巧拓展

在设置背景样式时,选中"纯色填充"单选按钮,则可以设置纯色背景;选中"渐变填充"单选按钮,则可以设置渐变背景;选中"图片或纹理填充"单选按钮,则可以设置图片或者纹理效果背景;选中"图案填充"单选按钮,则可以设置图案背景。

3.选择图片

❶弹出"选择纹理"对话框,选择对应文件夹中的"背景"图片;❷单击"打开"按钮。

4.选中复选框并单击按钮

❶返回到"对象属性"窗口,完成图片添加,选中"隐藏背景图形"复选框;❷单击"全部应用"按钮。

技巧拓展

如果只需要设置单张幻灯片的背景效果,则可以不单击"全部应用"按钮;如果需要对幻灯片的背景效果进行重置,则可以单击"重置背景"按钮实现。

5. 应用背景样式

可为所有的幻灯片应用统一的背景样式，并查看幻灯片效果。

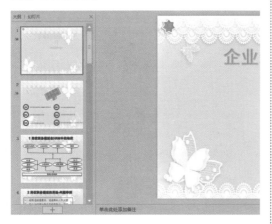

9.1.4　为幻灯片统一设置文本格式

设计"培训教学讲义"WPS演示文稿时，如果没有预先设置母版，或者整篇WPS演示设计完成后，需要批量替换修改某几页中正文、标题或文本框等的字体格式，不必每一页都手动进行修改，可以通过软件自带工具，进行批量设置。其具体操作步骤如下。

1. 选择命令

❶在"培训教学讲义"演示文稿中选择第1张幻灯片，在"设计"选项卡下，单击"演示工具"下三角按钮；❷在弹出的菜单中选择"批量设置字体"命令。

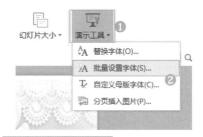

2. 设置字体参数值

❶弹出"批量设置字体"对话框，在"替换范围："选项区中选中"所选幻灯片"单选按钮；❷在"字体样式"选项区中，设置字体、字号和字体颜色；❸单击"确定"按钮。

技巧拓展

为统一修改幻灯片中的文本格式，选中"全部幻灯片"单选按钮，则可以修改全部幻灯片中的文本格式；选中"指定幻灯片"单选按钮，则可以修改指定的幻灯片中的文本格式。

3. 更改文本格式

批量更改第一张幻灯片的文本格式，并调整文本框的大小和位置。

4. 选择命令

❶在"设计"选项卡下，单击"演示工具"下三角按钮；❷在弹出的菜单中选择"替换字体"命令。

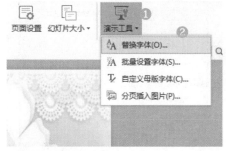

5. 设置字体格式

❶在弹出的"替换字体"对话框中设置"替换"为"宋体"；❷设置"替换为"为"幼圆"；❸单击"替换"按钮。

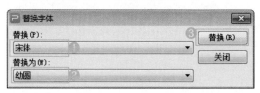

6. 统一替换字体格式

将幻灯片中的"宋体"统一替换为"幼圆"字体，并查看幻灯片效果。

7. 统一替换字体格式

使用其他的方法，将其他幻灯片中的"黑体"字体统一替换为"宋体"，并查看幻灯片效果。

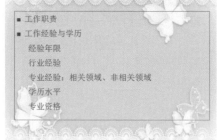

9.1.5　为所有幻灯片添加页眉和页脚

在制作培训教学讲义演示文稿时，需要使用"页眉和页脚"功能，为演示文稿中的幻灯片添加统一的页眉和页脚，其具体操作步骤如下。

1. 单击按钮

在"培训教学讲义"演示文稿中的"插入"选项卡中，单击"页眉和页脚"按钮。

2. 设置参数值

❶弹出"页眉和页脚"对话框，选中"幻灯片编号"和"页脚"复选框，输入相应的文本内容；❷单击"全部应用"按钮。

3. 插入页眉和页脚

在幻灯片中插入页眉和页脚内容，并查看幻灯片效果。

4. 修改字体格式

选择新插入的页脚内容文本框，修改字体格式为"宋体"、"字号"为16、加粗和紫色。

5. 双击按钮

选择页脚文本框，在"开始"选项卡中双击"格式刷"按钮。

6.复制字体格式

当鼠标指针呈刷子形状时，在其他幻灯片中的页脚文本框上依次单击，即可复制字体格式。

谢谢欣赏！

Thank You !

商务培训集团制作

7.设置编号文本字体格式

选择幻灯片中的编号文本框，修改字体格式为"幼圆"、"字号"为16、加粗和紫色，然后在"开始"选项卡中双击"格式刷"按钮，当鼠标指针呈刷子形状时，在其他幻灯片中的编号文本框上依次单击，即可复制字体格式，并查看幻灯片效果。

2.2 岗位职务描述的用途-职位评估

- 影响/责任
- 解决问题/制定决策
- 知识与技能
- 行动自由
- 沟通技能
- 工作环境

商务培训集团制作

2.4 岗位职务描述的用途-绩效

- 财务方面：
  收入、利润、投资回报(ROI=回报/投资)、现金流动
- 客户方面：
  市场份额、客户留住率、客户获得率、客户满意度、客户利润率

商务培训集团制作

技巧拓展

在使用"格式刷"复制文本格式时，如果只需要使用"格式刷"功能一次，则可以单击"格式刷"按钮；如果需要多次使用"格式刷"功能，则可以双击"格式刷"按钮；如果需要取消"格式刷"功能，则可以按Esc键退出"格式刷"状态。

9.1.6 使用参考线和网格线

WPS演示中的参考线和网格线，一般用来对齐文字和图片，为了更好地排版"培训教学讲义"演示文稿中的文字和图片，可以通过显示参考线和网格线排版。其具体操作步骤如下。

1.单击按钮

在"培训教学讲义"演示文稿中，选择第7张幻灯片，在"视图"选项卡中，单击"网格线和参考线"按钮。

2. 选中复选框

❶弹出"网格线和参考线"对话框，依次选中"屏幕上显示网格"和"屏幕上显示绘图参考线"复选框；❷单击"确定"按钮。

技巧拓展

在"网格线和参考线"对话框中，选中"对象与网格对齐"复选框，则可以将图片与文字对象与网格线对齐；选中"屏幕上显示网格"复选框，则可以在幻灯片中显示网格线；选中"屏幕上显示绘图参考线"复选框，则可以在幻灯片中显示绘图参考线；选中"形状对齐时显示智能向导"复选框，则可以在对齐图形形状时显示对齐或相等等符号线；选中"对象随参考线移动"复选框，则可以让图片或文字对象随着参考线的移动而移动。

3. 显示参考线和网格线

可在幻灯片中显示网格线和参考线，选择最左侧的三维矩形，单击并拖曳，将显示参考线。

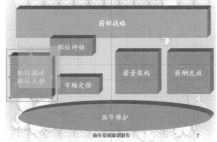

4. 移动图形

至合适位置后，释放鼠标左键，即可通过网格线和参考线移动图形。

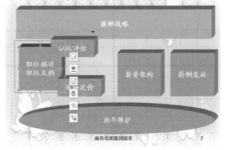

5. 调整其他形状位置

使用同样的方法，通过参考线和网格线，依次移动幻灯片中的其他形状的位置。

技巧拓展

如果需要取消网格线和参考线的显示，则可以在"网格线和参考线"对话框中，取消选中"屏幕上显示网格"和"屏幕上显示绘图参考线"复选框即可实现。

9.1.7 使用标尺

在编辑演示文稿时，往往需要在演示文稿中显示标尺，这样才能知道文本的上、下、左及右距离。其具体操作步骤如下。

1. 显示标尺

❶在"培训教学讲义"演示文稿的"视图"选项卡，选中"标尺"复选框；❷即可在演示文稿中显示标尺。

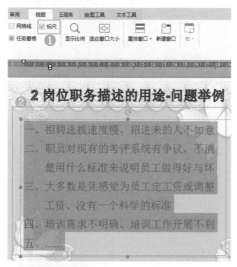

2. 拖曳标记

选择第4张幻灯片中的相应的文本框内容，在水平标尺上单击标记并向右拖曳。

技巧拓展

如果需要在演示文稿中显示"垂直标尺"，则可以单击"WPS演示"文字，在弹出的菜单中选择"选项"命令，在弹出的"选项"对话框左侧列表框中选择"视图"选项，在右侧列表框中选中"垂直标尺"复选框即可显示。

3. 使用标尺移动文本位置

移动至合适位置后，释放鼠标左键，完成文本位置的移动。

4. 调整其他幻灯片中文本位置

使用同样的方法，依次调整其他幻灯片中的文本位置。

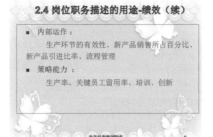

技巧拓展

在演示文稿中如果需要取消标尺的显示，则在"视图"选项卡中取消选中"标尺"复选框即可。

9.1.8 在幻灯片中插入声音文件

为了使"培训教学讲义"演示文稿更具观赏性，还需要在演示文稿中插入一些音频文件来丰富演示文稿，使演示文稿更加生动。其具体操作步骤如下。

1. 选择命令

❶在"培训教学讲义"演示文稿中选择第1张幻灯片，在"插入"选项卡下，单击"音频"下三角按钮；❷在弹出的菜单中选择"嵌入背景音乐"命令。

2. 选择音频文件

❶弹出"从当前页插入背景音乐"对话框，在对应的文件夹中选择"音乐"音频文件；❷单击"打开"按钮。

技巧拓展

在幻灯片中插入声音文件时，还可以在"音频"列表框中选择"插入音频"命令，直接插入音频文件。

3. 插入声音文件

在幻灯片中插入声音文件，并显示音频图标，将音频图标移至合适的位置。

9.1.9 设置音乐循环播放

在放映幻灯片时，启动"循环播放，直至停止"功能，可以在所有的幻灯片中循环播放音乐。其具体操作步骤如下。

1. 选择音频图标

在"培训教学讲义"演示文稿中，选择第1张幻灯片中的音频图标。

2. 选中复选框

在"音频工具"选项卡下，选中"循环播放，直至停止"复选框，即可循环播放演示文稿中的音乐。

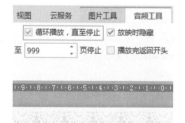

技巧拓展

如果用户需要取消音乐的循环播放，则可以在"音频工具"选项卡中取消选中"循环播放，直至停止"复选框。

9.1.10 设置音乐淡入淡出效果

在播放幻灯片的过程中，为了使音频文件达到较为柔和的效果，需要设置音频的淡入和淡出。其具体的操作步骤如下。

1. 添加淡入效果

在"培训教学讲义"演示文稿中，选择第1张幻灯片中的音频图标，在"音频工具"选项卡中，单击"淡入"右侧的+号按钮，即可添加音频淡入效果。

2. 添加淡出效果

在"音频工具"选项卡中，单击两次"淡出"右侧的+号按钮，即可给音频添加淡出效果。

技巧拓展

在设置音乐的"淡入"和"淡出"效果时，不仅可以单击文本框左右两侧的"加号"或"减号"按钮调整淡入淡出数据，还可以在"淡入"和"淡出"文本框中手动输入数据。

9.2 图片与设计——产品特色介绍

产品特色介绍用来介绍某一产品的特点及主要功能等，通过这些介绍可以更好地展示产品。完成本例，需在WPS演示中进行更改幻灯片文本的方向、为幻灯片插入艺术字、为文本设置项目符号与编号样式、为幻灯片插入SmartArt图形以及为幻灯片插入表格图形等操作步骤。

9.2.1 更改幻灯片文本的方向

在排版演示文稿中的文本内容时，有的文本内容要竖排，有的要横排。使用WPS演示中的"文本方向"命令，可以重新更改幻灯片文本的方向。其具体操作步骤如下。

1. 打开演示文稿

单击快速访问工具栏中的"打开"按钮，打开相关素材中的"素材\第9章\产品特色介绍.pptx"演示文稿。

2. 选择文本框

在打开的演示文稿中，选择第3张幻灯片中的文本框。

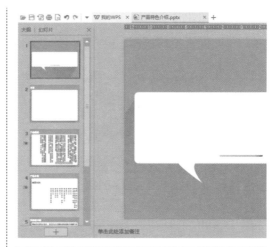

3. 选择命令

❶ 在"文本工具"选项卡中，单击"文本方向"下三角按钮；❷ 在弹出的菜单中选择"横排"命令。

4. 更改文本方向

将文本框中的文本方向更改为"横排"。

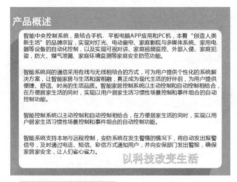

5. 更改文本方向

使用同样的方法，将第4张幻灯片的文本框内容的文本方向更改为"横排"，调整文本框的大小和位置，并查看幻灯片效果。

主要功能：

"文本方向"包含有多种方向。在"文本方向"列表框中选择"横排"命令，即可将文本更改为水平方向排列；选择"竖排"命令，即可将文本更改为垂直方向排列；选择"所有文字旋转90°"命令，可以将文本旋转90°；选择"所有文字旋转270°"命令，可以将文本旋转270°；选择"堆积"命令，可以将文本更改为垂直等间距排列。

9.2.2 为幻灯片插入艺术字

为了使幻灯片中的文本更加美观，可以使用"艺术字"功能，在幻灯片页面中插入艺术字，丰富演示文稿的效果。其具体的操作步骤如下。

1. 选择艺术字样式

❶在"产品特色介绍"演示文稿中选择第1张幻灯片，在"插入"选项卡中，单击"艺术字"下三角按钮；❷在弹出的菜单中选择合适的艺术字样式。

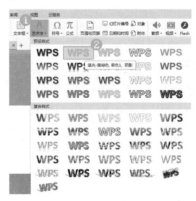

2. 插入艺术字

在幻灯片中将显示"艺术字"文本框，然后在文本框中输入文本"产品特色介绍"，并将"艺术字"文本框移动至合适的位置。

3. 插入艺术字效果

使用同样的方法，在幻灯片中插入其他的艺术字效果。

4. 更改艺术字字体格式

选择艺术字效果，设置字体格式为"方正美黑简体"、"字号为"36，并将艺术字移动至合适的位置。

5. 选择艺术字样式

选择最下方的艺术字文本框，在"文本工具"选项卡的"预设样式"列表框中，选择需要更改的艺术字样式。

6. 更改艺术字样式

更改艺术字的样式，并查看幻灯片效果。

技巧拓展

如果需要为文本清除艺术字效果，则可以在"预设样式"列表框中选择"清除艺术字"命令清除艺术字效果。

9.2.3 为文本设置项目符号与编号样式

在演示文稿中添加文本时，为了体现各文本之间的阅读层次，可以使用"项目符号"和"编号"功能，为文本框文本添加项目符号和编号样式。其具体的操作步骤如下。

1. 选择项目符号样式

❶在"产品特色介绍"演示文稿中，选择第3张幻灯片中的文本框文本，在"文本工具"选项卡下，单击"项目符号"下三角按钮；❷在弹出的菜单中选择项目符号样式。

2. 添加项目符号

为文本框文本添加项目符号，并查看幻灯片效果。

技巧拓展

在添加项目符号后，如果对新添加项目符号样式不满意，还可以根据自己的喜好，通过"定义新项目符号"功能，重新修改项目符号。在"项目符号"列表框中选择"其他项目符号"命令，在弹出的"项目符号和编号"对话框中，重新修改项目符号即可。

3. 选择编号样式

❶选择第4张幻灯片中的相应文本内容；❷在"文字工具"选项卡下，单击"编号"下三角按钮；❸在弹出的菜单中选择编号样式。

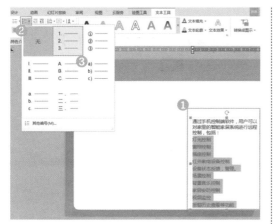

4. 添加编号

为选择的幻灯片中的文本框文本添加编号，并查看幻灯片效果。

技巧拓展

"编号"列表框中包含多种编号样式，例如选择带圈符号的数字编号，则可以添加带圈符号的数字编号样式；选择英文编号，则可以添加英文编号样式，选择不同的编号样式可以得到不同的编号效果。

9.2.4　为幻灯片插入图片

在演示文稿中插入色彩缤纷而直观的图片，可以让演示文稿更加引人注意。使用"图片"命令为幻灯片插入图片的具体操作步骤如下。

1. 选择命令

❶在"产品特色介绍"演示文稿中选择第1张幻灯片，在"插入"选项卡下，单击"图片"下三角按钮；❷在弹出的菜单中选择"来自文件"命令。

2. 选择图片

❶弹出"插入图片"对话框，在"配套资源\素材\第9章"文件夹中，选择"图片1"图片；❷单击"打开"按钮。

技巧拓展

在插入图片时，不仅可以插入本地磁盘中的图片；也还可以选择"在线图片"命令，直接联网搜索图片并插入。

3. 插入图片效果

在幻灯片中插入图片，选择新插入的图片，单击并拖曳，调整图片的大小和位置。

4. 插入"图片2"图片

使用同样的方法，在第2张幻灯片中插入"图片2"图片，并调整新插入图片的大小和位置。

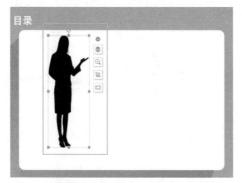

5. 插入"图片3"和"图片4"图片

使用同样的方法，在第4张幻灯片中插入"图片3"和"图片4"图片，并调整新插入图片的大小和位置。

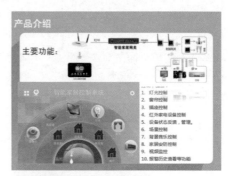

6. 插入"图片5"图片

使用同样的方法，在第5张幻灯片中插入"图片5"图片，并调整新插入图片的大小和位置。

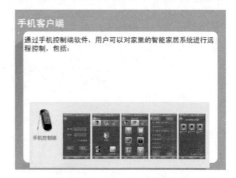

技巧拓展

在WPS演示中除了插入单张图片外，还可以一次性插入多张图片，用户可以在"插入图片"对话框中，按住Ctrl键的同时，单击选取多张需要插入到文档中的图片，然后单击"确定"按钮。

9.2.5 幻灯片图片的美化

在幻灯片中插入图片后，需要对图片进行美化操作，才能使图片呈现出更加完美的

效果。对图片进行美化操作时，可以为图片添加倒影效果，也可以删除图片的背景色。其具体操作步骤如下。

1. 选择倒影样式

❶在"产品特色介绍"演示文稿中，选择第2张幻灯片中的图片对象；❷在"图片工具"选项卡中，单击"图片效果"下三角按钮；❸在弹出的菜单中选择"倒影"命令；❹在弹出的子菜单中选择合适的倒影样式。

2. 为图片添加倒影

为选择的图片添加倒影效果，并调整图片的大小和位置。

技巧拓展

"图片效果"列表框中包含有阴影、倒影、发光、柔化边缘和三维旋转效果，选择不同的命令，可以为图片添加不同的效果。

3. 选择图片并单击按钮

❶选择第5张幻灯片中的图片对象；❷在"图片工具"选项卡中，单击"设置透明色"按钮。

4. 设置透明色

当鼠标指针呈相应的吸取管形状时，在图像背景上单击，即可将图片的背景色设置透明。

使用"设置透明色"命令,可以将当前图片透明化。单击当前图形中的像素时,特定颜色的所有像素都会变得透明。

9.2.6 将图片文件用作项目符号

在为文本添加项目符号时,为了使项目符号更加美观漂亮,可以使用图片文件作为项目符号。其具体操作步骤如下。

1.选择命令

❶在"产品特色介绍"演示文稿中,选择第3张幻灯片中的文本框文本,在"文本工具"选项卡中,单击"项目符号"下三角按钮;❷在弹出的菜单中选择"其他项目符号"命令。

2.单击按钮

在弹出的"项目符号和编号"对话框中单击"图片"按钮。

在"项目符号和编号"对话框中,单击"自定义"按钮,将弹出"符号"对话框,即可选择符号用作项目符号。

3.选择图片

❶弹出"打开图片"对话框,在"配套资源\素材\第9章"文件夹中,选择"图标"图片;❷单击"打开"按钮。

4.将图片用作项目符号

使用图片用作项目符号,并查看幻灯片效果。

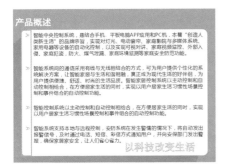

产品概述

- 智能中央控制系统，是结合手机、平板电脑APP应用和PC机，本着"创造人类新生活"的品牌宗旨，实现对灯光、电动窗帘、家庭影院与多媒体系统、家用电器等设备的自动化控制，以及实现可视对讲、家庭视频监控、外部入侵、家庭防盗、防火、煤气泄漏、家庭环境监测等家庭安全防范功能。

- 智能系统的通信采用有线与无线相结合的方式，可为用户提供个性化的系统解决方案，让智能家居生活和谐相融，真正成为现代生活的好伴侣，为用户提供便捷、舒适、时尚的生活品质，智能家居控制以主动控制和自动控制相结合，在方便居家生活的同时，实现以用户居家生活习惯性场景控制和事件组合的自动控制功能。

- 智能控制系统以主动控制和自动控制相结合，在方便居家生活的同时，实现以用户居家生活习惯性场景控制和事件组合的自动控制功能。

- 智能系统支持本地与远程控制，安防系统在发生警情的情况下，将自动发出报警信号，并可通过电话、短信、彩信方式通知用户，并向安保部门发出警报，确保居家安全，让人们省心省力。

以科技改变生活

9.2.7　让多个图形对象排列整齐

在编辑幻灯片中的图片和文本对象时，发现图片排列的不整齐，有点杂乱无章。此时可以使用"对齐"命令重新排列图片和文本对象。其具体操作步骤如下。

1. 选择命令

❶在"产品特色介绍"演示文稿中选择第4张幻灯片中的右上角图片，右击，在弹出的快捷菜单中选择"置于底层"命令；❷在弹出的子菜单中选择"置于底层"命令。

2. 置于底层放置图片

将选择的图片置于底层放置，调整图片的大小和位置，并查看幻灯片效果。

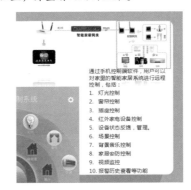

通过手机控制调制软件，用户可以对家里的智能家居系统进行远程控制，包括：

1. 灯光控制
2. 窗帘控制
3. 插座控制
4. 红外家电设备控制
5. 设备状态反馈、管理。
6. 场景控制
7. 背景音乐控制
8. 家居安防控制
9. 视频监控
10. 报警历史查看等功能

技巧拓展

在设置图片的放置顺序时，除了可以设置图片底层放置以外，还可以在快捷菜单中选择"置于顶层"|"置于顶层"命令，将图片放置在顶层。

3. 选择命令

❶在幻灯片中选择相应的图片和文本框对象，在"绘图工具"选项卡中，单击"对齐"下三角按钮；❷在弹出的菜单中选择"靠下对齐"命令。

4. 靠下对齐对象

靠下对齐图片和文本框，并查看幻灯片效果。

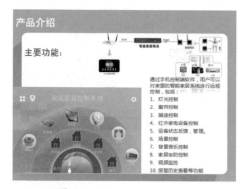

"对齐"列表框中包含了10多种对齐方式，除了可以使用"靠下对齐"的对齐方式进行对齐以外，还可以选取其他对齐方式。例如，选择"左对齐"命令，可以将图片和文本框进行左对齐操作；选择"水平居中"命令，可以将图片和文本框以水平中心线进行居中对齐操作；选择"右对齐"命令，可以将图片和文本框进行右对齐操作；选择"靠上对齐"命令，可以将图片和文本框以顶部为对齐线进行对齐操作；选择"垂直居中"命令，可以将图片和文本框以垂直中心线进行居中对齐操作。

9.2.8 为幻灯片插入SmartArt图形

SmartArt图形能够以图形的方式直观表达出枯燥的文本内容。SmartArt图形是信息和观点的视觉表现形式。用户可以通过从多种不同布局中进行选择来创建SmartArt图形，从而快速、轻松、有效地传达信息。其具体操作步骤如下。

1. 单击按钮

在"产品特色介绍"演示文稿中选择第2张幻灯片，在"插入"选项卡中，单击"SmartArt"按钮。

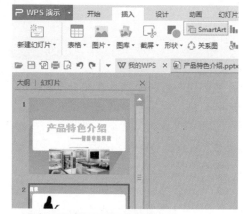

2. 选择SmartArt图形样式

❶弹出"选择SmartArt图形"对话框，选择"垂直框列表"SmartArt图形样式；❷单击"确定"按钮。

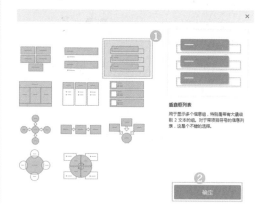

技巧拓展

　　SmartArt图形是WPS演示中的一种功能强大、种类丰富和效果生动的图形，在WPS演示中提供了多种类别的SmartArt图形，选择不同的SmartArt图形样式，可以得到不同的SmartArt图形。

3. 插入SmartArt图形

　　插入SmartArt图形，选择新插入的SmartArt图形，单击并拖曳，调整SmartArt图形的大小和位置。

4. 选择命令

　　❶选择SmartArt图形中最上方的形状，在"设计"选项卡中，单击"添加项目"下三角按钮；❷在弹出的菜单中选择"在后面添加项目"命令。

技巧拓展

　　在添加SmartArt图形中的项目时，在"添加项目"列表框，选择"在前面添加项目"命令，则可以在选择的SmartArt形状的上方添加项目形状。

5. 添加项目

　　在SmartArt图形中添加项目，并查看幻灯片效果。

6. 添加其他项目

　　使用同样的方法，在SmartArt图形中添加项目，并查看幻灯片效果。

7. 粘贴并修改文本

　　在带"文本"的文本框中输入文本内容，选择输入后的文本，按快捷键Ctrl+C，复制文本；在SmartArt图形中的项目形状上粘贴文本，然后依次修改粘贴后的文本内容。

8. 修改文本格式

选择SmartArt图形，在"开始"选项卡中，修改字体格式为"方正正中黑简体"、26，并查看幻灯片效果。

9. 选择颜色

❶选择SmartArt图形，在"设计"选项卡中，单击"更改颜色"下三角按钮；❷在弹出的菜单中选择合适的颜色。

10. 更改SmartArt图形颜色

更改SmartArt图形颜色的效果，并查看更改后的SmartArt图形效果。

技巧拓展

在为SmartArt图形更改颜色对象时，不仅可以将SmartArt图形更改为彩色；也可以在"颜色"列表框中，选择单色选项，将SmartArt图形更改为单色。

11. 选择SmartArt样式

选择SmartArt图形，在"设计"选项卡中的列表框中，选择SmartArt样式。

12. 更改SmartArt图形样式

更改SmartArt图形样式的效果，并查看更改后的SmartArt图形样式效果。

9.2.9　为幻灯片插入表格图形

表格是数据最直观的展现方式，在演示文稿中经常出现。使用表格，能够让复杂的数据显得更加整齐和更加规范。在幻灯片中插入表格时，需要使用"表格"命令即可实现。其具体操作步骤如下。

1. 选择命令

❶在"产品特色介绍"演示文稿中选择第5张幻灯片，在"插入"选项卡中，单击"表格"下三角按钮；❷在弹出的菜单中选择"插入表格"命令。

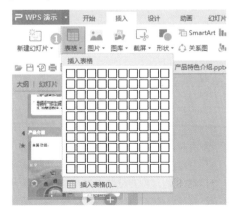

2. 设置参数值

❶弹出"插入表格"对话框，设置"行数"为5、"列数"为2；❷单击"确定"按钮。

技巧拓展

在幻灯片中插入表格，除了可以利用"插入"选项卡中的"插入表格"命令插入表格外，还可以在"表格"列表框中，单击并拖曳矩形块，通过选择矩形块的数量插入表格。

3. 插入表格

在幻灯片中插入表格，并将表格移动至合适的位置。

4. 输入文本内容

在新插入的表格中依次输入文本内容，并设置表格文本的字体为"仿宋"、"字号"为20。

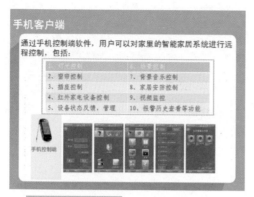

5.选择表格样式

选择表格对象，在"表格样式"列表框中，选择"中度样式1-强调6"表格样式。

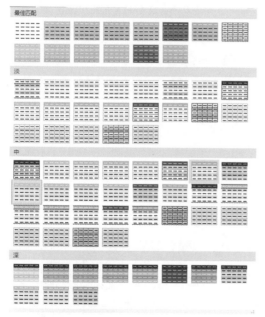

6.更改表格样式

更改表格的表格样式，查看幻灯片效果。

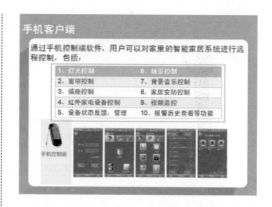

9.2.10　裁剪图片为任意形状

在幻灯片中插入图片后，如果想将图片的一些边角裁剪掉，则可以使用"裁剪"功能实现。其具体操作步骤如下。

1.选择形状

❶在"产品特色介绍"演示文稿的第5张幻灯片中选择图片，在"图片工具"选项卡中，单击"裁剪"下三角按钮；❷在弹出的菜单中选择"矩形"形状。

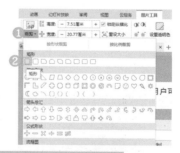

2.调整矩形裁剪框大小

此时在选择的图片上显示矩形裁剪框，在裁剪框的控制点上，单击并拖曳，调整矩形裁剪框的大小。

3. 裁剪图片

再次在"图片工具"选项卡中，单击"裁剪"按钮，即可裁剪图片。

4. 选择形状

❶选择第1张幻灯片中的图片，在"图片工具"选项卡中，单击"裁剪"下三角按钮；❷在弹出的菜单中选择"云形"形状。

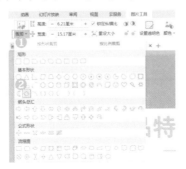

5. 用形状裁剪图片

使用"云形"形状直接裁剪图片，并查看幻灯片效果。

技巧拓展

在裁剪图片时，除了通过调整裁剪边界进行图形裁剪外，还可以通过纵横比进行调整。选择需要裁剪的图片，在"裁剪"列表框中，选择"按比例裁剪"选项卡的裁剪比例，即可通过裁剪比例裁剪图片。

第10章

WPS演示动画视频探究

在演示文稿中，可以通过为幻灯片或幻灯片中的各个元素添加自定义动画效果，让幻灯片动起来。动画是各类演示文稿中不可缺少的元素，它可以使演示文稿更富有活力，更具有吸引力，同时也可以增强幻灯片的视觉效果，增加其趣味性。本章通过操作流程说明和年度计划展览两个实操案例，来介绍WPS演示中的动画视频的使用方法。

技能概要

编辑音频 ---- 切换动画 ---- 遮罩动画 ---- 字幕滚动 ---- 制作动作 ---- 插入超链接

10.1　效果与路径——操作流程说明

操作流程说明用来说明会议营销工作的工作事项的活动流程顺序，其操作流程包括会前、会中和会后，用来详细讲解开启营销工作会议所做的具体工作。完成本例，需在WPS演示中进行设置音频的播放音量、裁剪掉多余的音频、为幻灯片之间添加切换动画、设置幻灯片切换效果、制作基础型进入动画效果、利用动作路径制作的动画效果、制作电子字幕效果以及制作字幕滚动特效等操作步骤。

10.1.1　设置音频的播放音量

在幻灯片中添加音频文件后，可以使用"音量"命令，对音频的播放音量进行调整。其具体操作步骤如下。

1. 打开演示文稿

单击快速访问工具栏中的"打开"按钮，打开相关素材中的"素材\第10章\操作流程说明.pptx"演示文稿。

2. 将音量设置为中等音量

❶选择第1张幻灯片中的音频图标，在"音频工具"选项卡中，单击"音量"下三角按钮；❷在弹出的菜单中选择"中"命令，即可将音量设置为中等音量。

3. 将音量设置为低音量

❶在"音频工具"选项卡中，单击"音量"下三角按钮；❷在弹出的菜单中选择"低"命

令,即可将音量设置为低音量。

4.将音量设置为静音

❶在"音频工具"选项卡中,单击"音量"下三角按钮;❷在弹出的菜单中选择"静音"命令,即可将音量设置为静音。

技巧拓展

在设置音频的播放音量时,如果想将播放音量设置为高音量,则可以单击"音量"下三角按钮,在弹出的菜单中选择"高"命令即可实现。

10.1.2 裁剪掉多余的音频

在幻灯片中插入音频文件后,如果音频文件太长了,则可以使用"裁剪音频"功能,裁剪掉多余的音频。其具体的操作步骤如下。

1.单击按钮

❶在"操作流程说明"演示文稿中,选择第1张幻灯片中的音频图标;❷在"音频工具"选项卡中,单击"裁剪音频"按钮。

2.调整开始时间和结束时间

❶弹出"裁剪音频"对话框,拖动控制柄,调整开始时间和结束时间;❷单击"确定"按钮,即可剪裁掉幻灯片中多余的音频。

技巧拓展

在剪裁音频文件时,还可以通过"播放"功能,试听剪辑音频效果。在"裁剪音频"对话框中,单击"播放"按钮即可。

10.1.3 为幻灯片之间添加切换动画

幻灯片的切换效果通常用在连续放映幻灯片时,通过为幻灯片添加切换动画,可以

通过一种切换效果将一张幻灯片切换到下一张幻灯片。其具体操作步骤如下。

1. 选择切换动画

在"操作流程说明"演示文稿中选择第1张幻灯片，在"动画"选项卡的"动画"列表框中，选择"溶解"切换动画。

2. 添加切换动画

为选择的幻灯片添加切换动画，在幻灯片的左侧显示星形符号，添加完成后，系统会自动播放该效果。

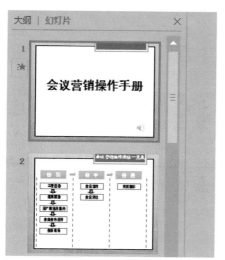

技巧拓展

在添加切换动画效果后，如果想取消切换动画效果，则可以在"切换效果"任务窗口中选择"无切换"切换效果即可。

3. 添加"向下擦除"切换效果

使用同样的方法，为第2张幻灯片添加"向下擦除"切换效果。

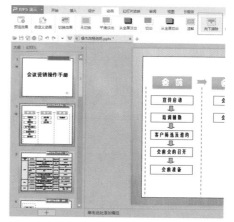

4. 添加圆形切换效果

使用同样的方法，为第3张幻灯片添加"圆形"切换效果。

技巧拓展

在默认情况下，添加切换动画效果后，该动画是自动播放的，如果还想观看动画效果，则需要使用"预览效果"功能才可以。在"动画"选项卡中，单击"预览效果"按钮即可。

10.1.4 设置幻灯片切换效果

在为幻灯片添加切换效果后，如果想将演示文稿中的所有幻灯片都设置为同一切换效果，则可以使用"应用于所有幻灯片"功能实现。也可以为幻灯片的切换效果设置切换速度和声音。其具体操作步骤如下。

1. 选择幻灯片并单击按钮

❶在"操作流程说明"演示文稿中选择第3张幻灯片；❷在"动画"选项卡下，单击"切换效果"按钮。

2. 设置幻灯片切换参数

❶弹出"幻灯片切换"窗口，设置"声音"为"风铃"；❷单击"应用于所有幻灯片"按钮。

技巧拓展

在设置幻灯片的切换效果时，在"幻灯片切换"窗口中，选中"循环播放，到下一声音开始时"复选框，可以循环播放幻灯片切换效果中的声音，直到下一张幻灯片的播放声音开始。

3. 统一设置幻灯片切换效果

为所有的幻灯片设置为"圆形"切换效果，且每张幻灯片图标前都显示星形符号。

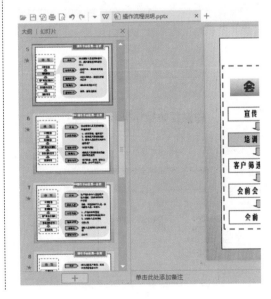

技巧拓展

WPS演示中包含有多种切换效果，其切换效果分为淡出和溶解、擦除推进和覆盖、条纹和横纹以及随机5种类型，选择不同种类的切换效果，可以得到不同的切换动画。

10.1.5 制作基础型进入动画效果

进入动画是指幻灯片对象依次出现时的动画效果，是幻灯片中最基本的动画效果。在幻灯片中使用"自定义动画"命令，可以为幻灯片中的文本、图像及形状添加进入动画效果。其具体操作步骤如下。

1. 选择形状并单击按钮

❶在"操作流程说明"演示文稿中，选择第2张幻灯片中的矩形形状；❷在"动画"选项卡中，单击"自定义动画"按钮。

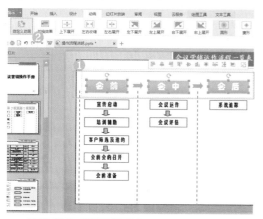

2. 选择"飞入"动画效果

❶弹出"自定义动画"窗口，单击"添加效果"下三角按钮；❷在弹出的菜单中找到"进入"命令中的"飞入"动画效果并单击选择。

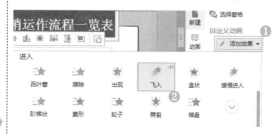

技巧拓展

在添加动画效果后，如果需要删除动画效果，则可以在"自定义动画"窗口中直接单击"删除"按钮即可。

3. 添加动画效果

为选择的矩形形状添加"飞入"动画效果，并自动播放动画效果，且在形状的左侧显示数字1。

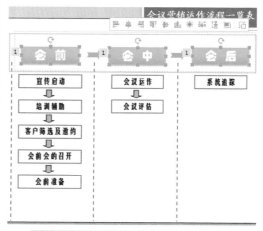

4. 设置动画飞入方向

在"自定义动画"窗口中选择第1个文本框动画，在"方向"列表框中选择"自左侧"命令，即可设置动画的飞入方向。

5. 设置动画飞入方向

在"自定义动画"窗口中选择第3个文本框动画，在"方向"列表框中选择"自右侧"命令，即可设置动画的飞入方向。

6. 选择矩形和箭头形状

在幻灯片中按住Ctrl键，选择矩形和箭头形状对象。

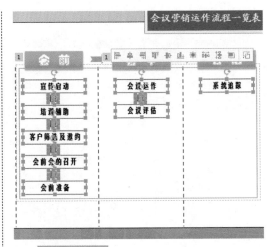

7. 选择命令

❶在"自定义动画"窗口中，单击"添加效果"下三角按钮；❷在弹出的菜单中找到"进入"命令栏，并单击右下箭头选择"更多效果"图标。

8. 选择进入动画效果

展开所有进入命令，在列表框找到"基本型"中的"十字形扩展"动画效果。

"进入"动画效果的种类繁多，包含有基本型、细微型、温和型以及华丽型4种。

9. 添加"十字形扩展"动画

为选择的形状添加"十字形扩展"动画效果，并在选择的形状左侧显示数字2。

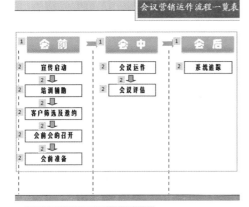

10. 设置动画扩展方向

选择新添加的动画效果，在"方向"列表框中选择"外"命令，即可设置动画的扩展方向。

在设置"十字形扩展"动画的扩展方向时，如果想将扩展方向设置为向内扩展，则可以在"方向"列表框中，选择"内"命令即可。

11. 添加"随机效果"动画

使用同样的方法，选择第3张幻灯片中的表格，为其添加"随机效果"进入动画效果，在表格的左侧显示数字1。

产说会阶段	工作项目	目的
会前	1、宣传启动	营造销售氛围，激发销售人员的销售热情
	2、培训辅导	针对销售人员进行专项培训，提升销售技能和销售信心
	3、客户筛选及邀约	协助销售人员更好的筛选和邀约客户
	4、会前会的召开	与产说会参会人员进行产说会预演，明确注意和配合事项
	5、会前准备	确认到场客户数量，完成会前各项准备工作

10.1.6 利用动作路径制作动画效果

使用动作路径动画，用户可以按照已经绘制好的路径进行移动和运动操作。其具体操作步骤如下。

1.单击下三角按钮

❶在"操作流程说明"演示文稿中，选择第2张幻灯片中文本框；❷在"自定义动画"窗口中，单击"添加效果"下三角按钮。

2.选择命令

❶在弹出的菜单中选择"动作路径"命令；❷在弹出的子菜单中选择"向下"命令。

在"动作路径"列表框中，选择"向上"命令，可以将对象沿着向上路径进行运动；选择"向右"命令，可以将对象沿着向右路径进行运动；选择"向左"命令，可以将对象沿着向左路径进行运动。

3.添加动作路径动画

为选择的文本框添加动作路径动画，并在文本框的左侧显示数字3。

4.将路径动画设置为反方向

选择新添加的动作路径动画，在"路径"列表框中选择"反转路径方向"命令，即可将路径动画设置为反方向。

5. 添加动作路径动画

使用同样的方法，依次为其他幻灯片中的标题文本框添加"向下"动作路径动画，并查看幻灯片效果。

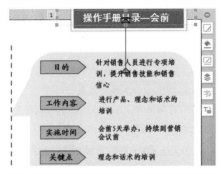

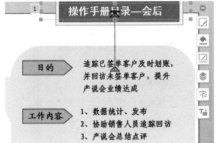

技巧拓展

在为幻灯片中的文本、图片和形状等对象添加动画效果后，如果不想让动画效果进行自动播放，则可以在"自定义动画"窗口中取消选中"自动预览"复选框即可。

10.1.7 制作电子字幕效果

电子字幕效果是让幻灯片中的字幕像滚轴一样播放，该动画效果可以通过添加"字幕式"动画效果实现，其具体操作步骤如下。

1. 选择形状和文本框

在"操作流程说明"演示文稿中，按住Ctrl键的同时，选择第4张幻灯片的形状和文本框对象。

2. 选择命令

❶在"自定义动画"窗口中，单击"添加效果"下三角按钮；❷在弹出的菜单中选择"进入"命令；❸在弹出的子菜单中选择"其他效果"命令。

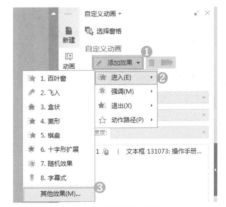

3. 选择"字幕式"动画效果

展开所有进入命令，在列表框找到"华丽型"中的"字幕式"动画效果。

4. 添加"字幕式"动画

为选择的文本和形状添加"字幕式"动画效果，并在选择对象的左侧显示数字2。

6. 添加"字幕式"动画

使用同样的方法，为第5～11张幻灯片中的文本和形状添加"字幕式"动画效果。

5. 调整动画播放速度

在"自定义动画"窗口中的动画列表框中，选择新添加的动画，在"速度"列表框中选择"慢速"命令，即可调整动画的播放速度。

技巧拓展

在调整动画的播放速度时，可以选择"非常慢""慢速""中速""快速"和"非常快"命令，设置不同的播放速度。

10.1.8 制作遮罩动画效果

遮罩动画是运用遮罩制作而成的动画效果，主要是通过自定义动作路径制作而成。其具体操作步骤如下。

1. 选择形状

❶在"操作流程说明"演示文稿中选择第1张幻灯片，在"插入"选项卡下单击"形状"下三角按钮；❷在弹出的菜单中选择"矩形"形状。

2. 绘制矩形形状

在幻灯片中单击并拖曳，绘制一个矩形形状。

技巧拓展

在完成矩形形状的绘制后，如果需要调整新绘制形状的大小，可以选择矩形形状，当鼠标指针呈倾斜双向箭头形状时，单击并拖曳，即可调整形状的大小；也可以在"绘图工具"选项卡中依次修改"形状高度"和"形状宽度"参数。

3. 选择颜色

❶选择新绘制的矩形形状，在"绘图工具"选项卡中，单击"填充"下三角按钮；❷在弹出的菜单中选择"草坪绿，着色1，浅色60%"颜色。

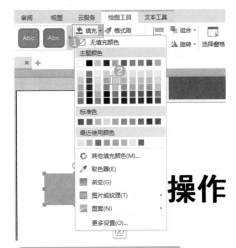

4. 更改形状填充和轮廓颜色

更改矩形形状的填充颜色，在"轮廓"列表框中选择"草坪绿，着色1，浅色60%"颜色，即可更改矩形形状的轮廓颜色。

5. 选择命令

❶选择新绘制的矩形形状，在"绘图工具"

选项卡下，单击"下移一层"下三角按钮；❷在弹出的菜单中选择"置于底层"命令。

择"自由曲线"命令。

6. 置于底层放置矩形

将矩形形状置于底层放置，并查看幻灯片效果。

7. 选择形状并单击下三角按钮

❶继续选择新绘制的矩形形状；❷在"动画"选项卡下，单击"自定义动画"按钮，打开"自定义动画"窗口，单击"添加效果"下三角按钮。

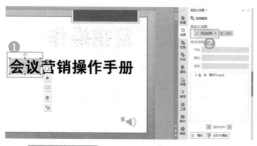

8. 选择命令

❶下拉菜单找到"绘制自定义路径"；❷选

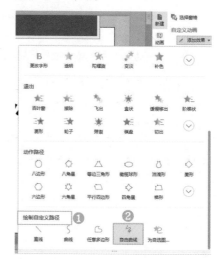

技巧拓展

在绘制动作路径的自定义路径时，如果选择"直线"命令，则可以绘制直线路径；选择"曲线"命令，则可以绘制曲线路径；选择"任意多边形"命令，则可以绘制任意多边形路径。

9. 制作遮罩动画

当鼠标指针呈笔形状时，单击并拖曳，绘制一条曲线用作动画运动路径，完成遮罩动画效果的制作，且在形状的左侧显示数字2。

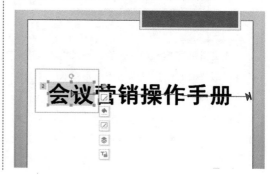

10.1.9 制作字幕滚动特效

为幻灯片中的文本添加"缓慢进入"动画效果，可以制作出字幕的滚动特效。其具体操作步骤如下。

1. 选择文本框对象

在"操作流程说明"演示文稿中，选择第12张幻灯片中的文本框对象。

2. 选择命令

❶在"自定义动画"窗口中，单击"添加效果"下三角按钮；❷在弹出的菜单中选择"进入"命令；❸在弹出的子菜单中选择"其他效果"命令。

3. 添加动画效果

为选择的文本添加"缓慢进入"动画效果，且在文本框的左侧显示数字1，完成字幕滚动特效的制作。

10.1.10 制作陀螺旋动画

陀螺旋动画是将对象围绕着旋转中心运动的动画。为幻灯片中的文本添加"陀螺旋"动画效果，可以制作出字幕的滚动特效。其具体的操作步骤如下。

1. 选择对象

在"操作流程说明"演示文稿中，按住Ctrl键的同时，选择第4张幻灯片中形状和文本框对象。

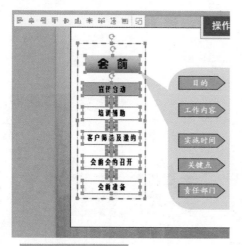

2. 添加陀螺旋动画

❶在"自定义动画"窗口中，单击"添加效果"下三角按钮；❷在弹出的菜单中找到"强调"命令中的"陀螺旋"动画效果并单击选择。

3. 添加"陀螺旋"动画

为选择的文本和形状添加"陀螺旋"动画，并在对象的左侧显示数字。

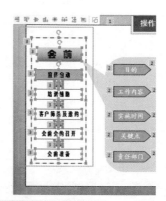

4. 调整动画播放速度

在"自定义动画"窗口的"速度"列表框中选择"快速"命令，调整动画播放速度。

技巧拓展

在添加"陀螺旋"动画后，可以在"自定义动画"窗口的"数量"列表框中，设置陀螺旋转的数量，其数量选项包含有"四分之一旋转""半旋转""完全旋转""旋转两周"4种，选择不同的数量选项，可以得到不同数量的旋转圈数。

5. 添加"陀螺旋"动画

使用同样的方法，为其他幻灯片中的文本和形状对象添加"陀螺旋"动画，并在选择对象的左侧显示数字。

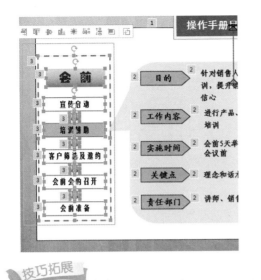 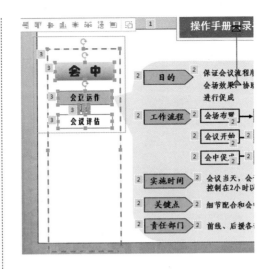

技巧拓展

在使用动画效果时，一定要遵守一定的原则，这样制作出来的动画才具有更好的效果。动画的使用原则包含有自然原则、强调原则和简化原则3大原则。

10.2 立体与链接——年度计划展览

年度计划展览是公司为了完成一年的工作目标所制定的工作计划，并将制作好的工作计划展现给员工，让员工根据所制定的工作计划完成年度工作。完成本例，需在WPS 演示中进行制作3D立体特效、让字号逐次由小变大、逐个显示的变色文字、制作写字动画效果、链接其他演示文稿的幻灯片、链接到演示文稿中的幻灯片、绘制动作按钮、创建鼠标动作以及制作退出动画效果等操作步骤。

10.2.1 制作3D立体特效

在制作幻灯片时为了使物体表现得更加生动形象，这时就需要用立体感加以描绘，使平面图形变为立体图形，为幻灯片的展示和演讲带来很大的增色效果。制作3D立体特效具体操作步骤如下。

1. 打开演示文稿

单击快速访问工具栏中的"打开"按钮，打开相关素材中的"素材\第10章\年度计划展

览.pptx"演示文稿。

2. 选择圆形形状

在演示文稿中选择第1张幻灯片中的圆形形状。

技巧拓展

　　打开演示文稿的方法有多种,一种是在软件界面中单击"WPS演示"按钮,在弹出的菜单中选择"打开"命令;一种是按快捷键Ctrl+O;还有一种是在软件界面中单击"WPS演示"下三角按钮,在弹出的菜单中选择"文件"|"打开"命令。

3. 选择三维旋转样式

　　❶在"绘图工具"选项卡下,单击"形状效果"下三角按钮;❷在弹出的菜单中选择"三维旋转"命令;❸在弹出的子菜单中选择"离轴1上"三维旋转样式。

4. 更改三维形状样式并单击按钮

　　❶更改选择圆形形状为三维旋转样式;❷在"绘图工具"选项卡下,单击"设置形状格式"按钮。

技巧拓展

　　在"三维旋转"列表框中包含有多种三维旋转样式效果,选择不同的三维旋转样式,可以得到不同的三维旋转效果。

5. 设置参数值

　　打开"对象属性"窗口,展开"效果"|"三维格式"选项,设置"大小"参数为35。

6. 更改圆形形状高度

更改圆形形状的高度，并查看幻灯片效果。

7. 选择三维旋转样式

①选择第10张幻灯片中的文本框；②在"文本工具"选项卡中，单击"文本效果"下三角按钮；③在弹出的菜单中选择"三维旋转"命令；④在弹出的子菜单中选择"倾斜左上"三维旋转样式。

8. 设置参数值

更改文本对象的三维格式，在"文本工具"选项卡中，设置"深度"的相应参数值为30磅。

9. 更改文本的三维旋转

更改文本对象的三维旋转效果，并查看幻灯片效果。

10.2.2　让字号逐次由小变大

为幻灯片中的文本添加"更改字号"动画效果，可以制作出让字号逐次由小变大的运动效果。其具体的操作步骤如下。

1. 选择文本框并单击按钮

①在"年度计划展览"演示文稿选择第2张幻灯片中的文本框对象；②在"动画"选项卡中，单击"自定义动画"按钮。

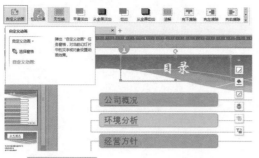

2. 选择命令

❶打开"自定义动画"窗口，单击"添加效果"下三角按钮；❷在弹出的菜单中找到"强调"命令中的"更改字号"动画效果并单击选择。

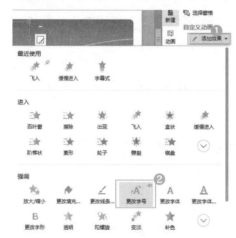

技巧拓展

在"强调"列表框中，选择"更改字体"命令，可以自动变换文本的字体效果；选择"更改字形"命令，可以自动变换文本的字形效果。

3. 添加"更改字号"动画

为选择的文本添加"更改字号"动画效果，并在文本的左侧自动显示数字。

4. 更改字号大小

选择新添加的动画效果，在"自定义动画"窗口中的"字号"列表框中，选择"巨大"命令，即可更改字号的大小。

5. 添加"更改字号"动画

使用同样的方法，为其他幻灯片中的标题文本添加"更改字号"动画效果，并在文本的左侧自动显示数字。

* 公司名称：好吃乳品股份有限责任公司
* 成立时间：2008年8月8日
* 注册地址：重庆市西南路88号
* 公司法人：刘先生
* 注册资本：1000万人民币
* 主要经营地：西南地区
* 主要经营项目：许可经营项目:生产乳制品、饮料(果汁及蔬菜汁、蛋白饮料类)、乳制品(含婴幼儿配方乳粉)

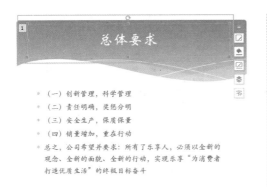

10.2.3 逐个显示的变色文字

为幻灯片中的文本添加"着色"动画效果，可以制作出逐个显示的变色文字动画效果。其具体的操作步骤如下。

1. 选择文本框文本

在"年度计划展览"演示文稿中，选择第3张幻灯片中的文本框文本。

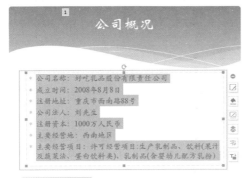

2. 选择命令

❶打开"自定义动画"窗口，单击"添加效果"下三角按钮；❷在弹出的菜单中选择"强调"命令；❸在弹出的子菜单中选择"其他效果"命令。

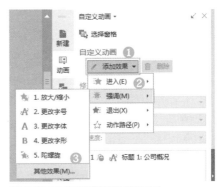

3. 选择"着色"动画效果

❶弹出"添加强调效果"对话框，选择"着色"动画效果；❷单击"确定"按钮。

4. 添加"着色"动画效果

为选择的文本添加"着色"动画效果，并在文本的左侧自动显示数字。

5. 调整动画的播放速度

❶单击"自定义动画"窗口"修改"栏中的"速度"一栏；❷在弹出的菜单中选择"非常慢"命令，调整动画的播放速度。

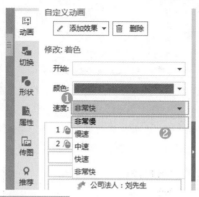

6. 选择命令

❶在"自定义动画"窗口中选择所有的动画效果，单击动画效果右侧的下三角按钮；❷在弹出的菜单中选择"效果选项"命令。

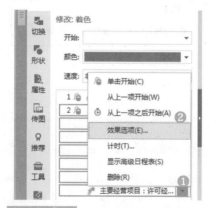

7. 选择命令

❶弹出"着色"对话框，单击"颜色"右侧的下三角按钮；❷在弹出的菜单中选择"其他颜色"命令。

8. 设置颜色参数值

❶在弹出的"颜色"对话框中设置颜色参数值分别为229、51、177；❷单击"确定"按钮。

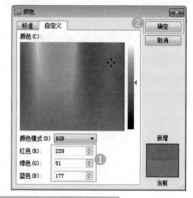

9. 设置变色文字效果

❶返回到"着色"对话框，完成颜色设置；❷设置"字母之间延迟"参数为10%；❸单击"确定"按钮，完成变色文字效果的设置。

在"着色"对话框中，展开"声音"列表框，可以为动画效果选择声音；展开"动画播放后"列表框，可以为动画效果设置播放后的明暗度；展开"动画文本"列表框，可以将动画播放效果设置为单个或者多个显示文本。

10.2.4 制作写字动画效果

为了制作出文本的写字动画效果，可以使用"擦除"动画效果实现。制作写字动画效果的具体操作步骤如下。

1. 选择形状

❶在"年度计划展览"演示文稿中选择第1张幻灯片，在"插入"选项卡下，单击"形状"下三角按钮；❷在弹出的菜单中选择"任意多边形"形状。

2. 绘制多边形形状

在文本上依次单击并拖曳，绘制多边形形状，并查看幻灯片效果。

3. 绘制多边形形状

使用同样的方法，在文本上依次绘制其他的多边形形状，并设置新绘制多边形形状的"填充"和"轮廓"颜色均为"黄色"。

4. 选择"擦除"动画

❶选择多边形形状，打开"自定义动画"窗口，单击"添加效果"下三角按钮；❷在弹出的菜单中找到"进入"命令中的"擦除"动画效果并单击选择。

5. 添加"擦除"动画效果

为选择的形状添加"擦除"动画效果，并在形状的左侧自动显示数字。

6. 更改动画播放方向

选择新添加的动画效果，在"自定义动画"窗口中，展开"方向"列表框，选择"自顶部"命令，即可更改动画的播放方向。

技巧拓展

在设置"擦除"动画的播放方向时，选择"自底部"命令，从底部开始擦除对象；选择"自左侧"命令，从左侧开始擦除对象；选择"自右侧"命令，从右侧开始擦除对象。

7. 更改动画播放速度

选择新添加的动画效果，在"自定义动画"窗口中，展开"速度"列表框，选择"非常慢"命令，即可更改动画的播放速度。

在添加了动画效果后，如果需要将已添加的动画效果更改为其他的动画效果，则可以在"自定义动画"窗口中，单击"更改"下三角按钮，在弹出的菜单中选择新的动画效果进行更改即可。

10.2.5 链接其他演示文稿的幻灯片

超链接可以是从一张幻灯片到同一演示文稿中另一张幻灯片，也可以是从一张幻灯片到不同演示文稿中另一张幻灯片，甚至是到电子邮件地址、网页或文件的链接。链接其他演示文稿的幻灯片的具体操作步骤如下。

1. 选择文本并单击按钮

❶在"年度计划展览"演示文稿中，选择第1张幻灯片中的文本框对象；❷在"插入"选项卡中，单击"超链接"按钮。

2. 设置超链接参数

❶弹出"插入超链接"对话框，在左侧列表框中单击"原有文件或网页"图标；❷在右侧的列表框中选择合适的演示文稿；❸单击"确定"按钮。

除了上述方法可以创建超链接外，还可以在选择文本对象后，右击，在打开的快捷菜单中选择"超链接"选项即可。

3. 添加超链接

为选择的文本添加其他演示文稿中的幻灯片超链接，且文本下添加了下画线，并查看幻灯片效果。

在演示文稿中创建超链接后，在普通视图以及幻灯片浏览视图中，移动光标至超链接处均无明显反应。只有在幻灯片放映状态下，当光标移动至超链接处会变为手形，即可显示超链接。

10.2.6 链接到演示文稿中的幻灯片

在编辑幻灯片的超链接效果时，还通过"超链接"功能将文本与演示文稿中的其他

幻灯片链接到一起。其具体操作步骤如下。

1. 选择文本并单击按钮

❶在"年度计划展览"演示文稿中，选择第2张幻灯片中的最上方目录文本；❷在"插入"选项卡中，单击"超链接"按钮。

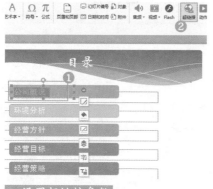

2. 设置超链接参数

❶弹出"插入超链接"对话框，在左侧列表框中，单击"本文档中的位置"图标；❷在右侧的列表框中选择"公司概况"幻灯片；❸单击"确定"按钮。

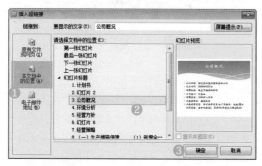

技巧拓展

如果想为超链接添加屏幕提示效果，则可以在"插入超链接"对话框中，单击"屏幕提示"按钮，弹出"设置超链接屏幕提示"对话框，输入屏幕提示内容即可。

3. 添加超链接

为选择的文本添加幻灯片超链接，且文本下添加了下画线，并查看幻灯片中的文本效果。

4. 链接幻灯片

使用同样的方法，为其他的目录文本依次链接演示文稿中的其他幻灯片。

技巧拓展

在幻灯片中添加超链接后，如果需要删除超链接，则可以选择带超链接的文本，右击，在打开的快捷菜单中选择"删除超链接"命令即可。

10.2.7 创建电子邮件链接

在"插入超链接"对话框中，使用"电子邮件地址"功能，即可将幻灯片链接到电

子邮件中，以便自动启动电子邮件软件进行发送。创建电子邮件超链接的具体操作步骤如下。

1. 选择文本并单击按钮

❶在"年度计划展览"演示文稿中，选择第3张幻灯片中的标题文本；❷在"插入"选项卡中，单击"超链接"按钮。

2. 输入电子邮件地址和内容

❶弹出"插入超链接"对话框，在左侧列表框中，单击"电子邮件地址"图标；❷在右侧的列表框中依次输入电子邮件地址和主题；❸单击"确定"按钮。

3. 添加电子邮件链接

为选择的文本添加电子邮件地址超链接，且文本下添加了下画线，并查看幻灯片中的文本效果。

公司名称：好吃乳品股份有限责任公司
成立时间：2008年8月8日
注册地址：重庆市西南路88号
公司法人：刘先生
注册资本：1000万人民币
主要经营地：西南地区
主要经营项目：许可经营项目:生产乳制品、饮料(果汁及蔬菜汁、蛋白饮料类)、乳制品(含婴幼儿配方乳粉)

4. 更改超链接文本样式

选择新创建的超链接文本，设置其性质样式为"彩色轮廓–金菊黄，强调颜色5"，并调整文本框的大小和位置。

公司概况

公司名称：好吃乳品股份有限责任公司
成立时间：2008年8月8日
注册地址：重庆市西南路88号
公司法人：刘先生
注册资本：1000万人民币
主要经营地：西南地区
主要经营项目：许可经营项目:生产乳制品、饮料(果汁及蔬菜汁、蛋白饮料类)、乳制品(含婴幼儿配方乳粉)

技巧拓展

将电子邮件地址链接到幻灯片中后，在放映幻灯片时，单击超链接，即可启动电子邮件。在放映幻灯片时，单击文本超链接，打开电子邮件对话框，根据提示进行操作即可。

10.2.8 绘制动作按钮

WPS演示中提供了一组动作按钮，因此用户可以在幻灯片中添加动作按钮，从而轻松地实现幻灯片的跳转，或者激活其

他的文档和网页等。其具体操作步骤
如下。

1. 选择动作形状

❶在"年度计划展览"演示文稿中选择第1张
幻灯片，在"插入"选项卡中，单击"形状"下
三角按钮；❷在弹出的菜单中选择"动作按钮：
前进或下一项"形状。

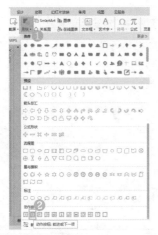

2. 选中单选按钮

❶在幻灯片中，单击并拖曳，绘制动作按
钮，并弹出"动作设置"对话框，选中"超链接
到"单选按钮；❷单击"确定"按钮。

"形状"下拉列表框中包含的动作按钮很
多，除了可以创建"下一张"按钮以外，还可
以创建"动作按钮：开始"或"动作按钮：结
束"等按钮。在"形状"下拉列表框的"动作
按钮"选项区中，单击相应的动作按钮即可。

3. 添加动作按钮

完成动作按钮的添加，并在"绘图工具"选
项卡中，修改动作按钮的"填充"和"轮廓"颜
色均为"黄色"，并调整动作按钮的位置。

4. 复制动作按钮

选择新绘制的动作按钮，将其复制在第2张幻
灯片中，并调整复制后动作按钮的位置。

5. 选择更改的形状

❶选择左侧的动作按钮，单击"编辑形状"
下三角按钮；❷在弹出的菜单中选择"更改形

状"命令；❸在弹出的子菜单中选择"动作按钮：后退或前一项"形状。

6. 设置参数值

❶在弹出的"动作设置"对话框中选中"超链接到"单选按钮，设置链接的幻灯片；❷单击"确定"按钮。

7. 更改动作按钮形状

完成动作按钮形状的更改，并查看幻灯片效果。

8. 复制动作按钮形状

选择第2张幻灯片中的动作按钮，依次将其复制到其他幻灯片中，并在各个幻灯片中调整复制后的动作按钮位置。

技巧拓展

在修改动作按钮时，除了可以修改动作按钮的形状颜色和形状效果外，还可以修改形状样式。选择动作按钮对象，在"绘图工具"选项卡中，展开"形状样式"列表框，选择合适的样式，即可完成形状样式的修改。

9. 选择动作按钮形状

选择第10张幻灯片，在"插图"选项卡中，单击"形状"下三角按钮，在弹出的菜单中选择"动作按钮：结束"形状。

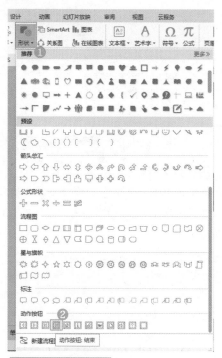

10. 添加动作按钮

在幻灯片中的相应位置，单击并拖曳，绘制一个动作按钮，并打开"动作设置"对话框，保持默认设置，单击"确定"按钮，即可完成动作按钮的添加操作，并修改动作按钮的"填充"和"轮廓"颜色均为"黄色"。

10.2.9 创建鼠标动作

在为幻灯片添加动作按钮后，还可以使用"动作"命令，重新设置动作按钮的鼠标动作；也可以使用"动作"命令，重新为文本创建鼠标动作。其具体操作步骤如下。

1. 选择文本并单击按钮

❶在"年度计划展览"演示文稿中选择第10张幻灯片中的文本内容；❷在"插入"选项卡中，单击"动作"按钮。

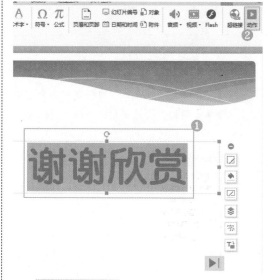

2. 设置参数值

❶弹出"动作设置"对话框，选中"超链接到"单选按钮，在其列表框中选择"结束放映"命令；❷单击"确定"按钮。

在"动作设置"对话框中，除了可以创建鼠标经过动作外，也还可以将鼠标单击动作修改为无动作。在"动作设置"对话框中，切换至"鼠标单击"选项卡，选中"无动作"单选按钮，单击"确定"按钮即可。

3. 创建鼠标动作

为选择的文本创建鼠标动作，并在文本下显示下画线。

10.2.10　制作退出动画效果

退出动画是对象消失的动画效果。不过退出动画一般是与进入动画相对应的，即对象是按哪种效果进入的，就会按照同样的效果退出。在制作幻灯片时，可以为文本或图片制作出退出动画效果，使文本和图片消失。制作退出动画效果的具体操作步骤如下。

1. 选择文本并单击按钮

❶在"年度计划展览"演示文稿选择第9张幻灯片中的相应文本框对象；❷在"动画"选项卡中，单击"自定义动画"按钮。

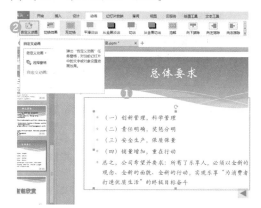

2. 选择命令

❶打开"自定义动画"窗口，单击"添加效果"下三角按钮；❷在弹出的菜单中选择"退出"命令；❸在弹出的子菜单中选择"其他效果"命令。

4. 添加"切出"动画效果

为选择的文本添加"切出"动画效果，在文本框的左侧显示数字，完成后退出动画效果的制作。

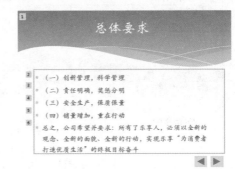

3. 选择动画效果

❶在弹出的"添加退出效果"对话框中选择"切出"动画效果；❷单击"确定"按钮。